Sebastian Götz

Weiterentwicklung eines bruchmechanischen Konzepts zur formzahlfreien Abschätzung der Dauerfestigkeit gekerbter Strukturen am Beispiel verschiedener Sinterstähle

TUDpress

Sebastian Götz

Weiterentwicklung eines bruchmechanischen Konzepts zur formzahlfreien Abschätzung der Dauerfestigkeit gekerbter Strukturen am Beispiel verschiedener Sinterstähle

TUDpress

2012

Die vorliegende Arbeit wurde am 4. April 2012 an der Fakultät Maschinenwesen der Technischen Universität Dresden als Dissertation eingereicht und am 20. Juli 2012 erfolgreich verteidigt.

Gutachter:
1. Gutachter: Prof. Dr.-Ing. habil. Volker Ulbricht
2. Gutachter: Prof. Dr.-Ing. Michael Vormwald

Bibliografische Information der Deutschen Nationalbibliothek
Die Deutsche Nationalbibliothek verzeichnet diese Publikation in der Deutschen Nationalbibliografie; detaillierte bibliografische Daten sind im Internet über http://dnb.d-nb.de abrufbar.

Bibliographic information published by the Deutsche Nationalbibliothek
The Deutsche Nationalbibliothek lists this publication in the Deutsche Nationalbibliografie; detailed bibliographic data are available in the Internet at
http://dnb.d-nb.de.

ISBN 978-3-942710-85-5

Verlag der Wissenschaften GmbH
Bergstr. 70 | D-01069 Dresden
Tel.: 0351/47 96 97 20 | Fax: 0351/47 96 08 19
http://www.tudpress.de

Gesetzt vom Autor.
Printed in Germany.

Weiterentwicklung eines bruchmechanischen Konzepts zur formzahlfreien Abschätzung der Dauerfestigkeit gekerbter Strukturen am Beispiel verschiedener Sinterstähle

Von der Fakultät Maschinenwesen
der Technischen Universität Dresden
angenommene

Dissertation

Zur Erlangung des akademischen Grades
Doktoringenieur (Dr.-Ing.)

von

Dipl.-Ing. Sebastian Götz
geboren am 7. Juli 1981 in Leipzig

eingereicht: 4. April 2012
verteidigt: 20. Juli 2012

Gutachter:
Prof. Dr.-Ing. habil. Volker Ulbricht
Prof. Dr.-Ing. Michael Vormwald

Vorwort des Autors

Die vorliegende Arbeit entstand während meiner Tätigkeit als wissenschaftlicher Mitarbeiter in der Arbeitsgruppe Betriebsfestigkeit, des Instituts für Festkörpermechanik an der Fakultät Maschinenwesen der Technischen Universität Dresden in den Jahren 2009 bis 2012. Die Grundlage der Arbeit stellt das mit Mitteln des Bundesministeriums für Bildung und Forschung (BMBF) unter dem Förderkennzeichen 03WKBO07D geförderte Forschungsvorhaben *Ermüdungsverhalten von Bauteilen aus Stahl- und Aluminiumsintermetallen* dar.

Bei Herrn Prof. Dr.-Ing. habil. Volker Ulbricht und Herrn Prof. Dr.-Ing. Michael Vormwald möchte ich mich recht herzlich für die Begutachtung meiner Dissertation bedanken. Mein ganz besonderer Dank gilt meinem direkten fachlichen Betreuer Herrn Prof. Dr.-Ing. habil. Klaus-Georg Eulitz. Ihm verdanke ich nicht nur die Möglichkeit zu dieser Arbeit, sondern auch die Förderung meiner wissenschaftlichen und persönlichen Entwicklung. Sein mir entgegengebrachtes Vertrauen war die ideale Grundlage für eine erfolgreiche Arbeit.

Mit Wehmut werde ich in Zukunft auf meine Zeit als Mitarbeiter der Arbeitsgruppe Betriebsfestigkeit in Dresden zurückblicken. Das freundschaftliche Arbeitsklima sowie die Hilfsbereitschaft und der Humor meiner Kollegen waren ein Grund, jeden Tag gerne auf Arbeit zu kommen. Im Zusammenhang mit dieser Arbeit möchte ich mich ausdrücklich bei Herrn Dr.-Ing. Peter Neumeister, Herrn Dr.-Ing. Matthias Berner, Frau Dr.-Ing. Katrin Fuhrmann sowie Herrn Dipl.-Ing. Franz Ellmer für ihre Hilfe und Anregungen bedanken. Weiterhin möchte ich mich für die Unterstützung von Frau Dipl.-Ing. Sieglinde Müller von der Schunk Sintermetalltechnik GmbH in Thale bedanken.

Ein herzliches Dankeschön gilt meiner lieben Frau Vera sowie unseren beiden Jungs Vinicius und Tadeus, für den Rückhalt, die Ablenkung und die bedingungslose Unterstützung, die ich von ihnen erhalten habe.

Dresden, im August 2012 Sebastian Götz

Res severa verum gaudium

SENECA

Inhaltsverzeichnis

Verzeichnis wichtiger Formelzeichen xiii

Abkürzungsverzeichnis xix

1 Einleitung und Zielsetzung 1

1.1 Festigkeitsnachweis 1
1.2 Besonderheiten bei Sinterstahl 3
1.3 Zielstellung der Arbeit 3

2 Stützzifferkonzepte zur Übertragung der Dauerfestigkeit 5

2.1 Übertragung von Werkstoffkennwerten auf gekerbte Strukturen 5
2.1.1 Grundlegendes zur Dauerfestigkeit 5
2.1.2 Kerbwirkung bei zyklischer Beanspruchung 6
2.1.3 Systematik von Stützzifferkonzepten 9
2.2 Klassische Ansätze für die Stützwirkung 10
2.2.1 Kerbempfindlichkeit nach THUM 10
2.2.2 Mikro- und Makrostützwirkung nach NEUBER 11
2.2.3 Ansatz nach PETERSON 12
2.2.4 Ansatz nach HEYWOOD 12
2.3 Statistischer Größeneinfluss nach dem Fehlstellenmodell 13
2.4 Stützzifferkonzepte basierend auf dem Spannungsgradienten 15
2.4.1 SIEBEL und STIELER 16
2.4.2 KOGAEV und SERENSEN 17
2.4.3 HÜCK, THRAINER, SCHÜTZ 18
2.4.4 FKM-Richtlinie 19
2.4.5 FEMFAT-Methode 20
2.5 Volumetrische Ansätze 21
2.5.1 Konzept des höchstbeanspruchten Werkstoffvolumens 22
2.5.2 Volumenkorrigiertes Spannungsgradientenmodell 24
2.6 Bruchmechanische Ansätze 25
2.6.1 Einige Grundgleichungen der linear-elastischen Bruchmechanik 25
2.6.2 Ermüdungsrisswachstum 29
2.6.2.1 Makrorisswachstum bei zyklischer Belastung 29

2.6.2.2 Mikrorissverhalten . . . 31
2.6.3 Berechnung der Dauerfestigkeit gekerbter Strukturen . . . 34
2.6.4 Konzepte zur Berechnung der bruchmechanischen Stützziffer . . . 35
2.6.4.1 LUKÁŠ und KLESNIL . . . 35
2.6.4.2 LIU und MAHADEVAN . . . 36
2.6.4.3 LIU . . . 37
2.6.4.4 VORMWALD und HERTEL . . . 38
2.6.4.5 ATZORI, LAZZARIN, MENEGHETTI . . . 39
2.7 Theory of Critical Distances . . . 42
2.7.1 Einführende Betrachtungen . . . 42
2.7.2 Ableitung der Verfahrensvarianten . . . 43
2.7.3 Stützziffer nach LAZZARIN . . . 47
2.8 Einschätzung der verschiedenen Konzepte . . . 48

3 Bruchmechanische Stützziffer mittels 3D-Rissmodellierung 53
3.1 Motivation . . . 53
3.2 Vorbetrachtungen und Festlegungen . . . 54
3.2.1 Berechnung der Rissbeanspruchung . . . 54
3.2.2 Vernetzung entlang der Rissfront . . . 56
3.2.3 Beanspruchungsparameter . . . 58
3.2.4 Rissgeometrie . . . 60
3.2.5 Einfluss der Vernetzungsgüte . . . 64
3.3 Praktische Umsetzung . . . 67
3.3.1 Rissmodellierung . . . 67
3.3.2 Bestimmung von a_0 . . . 68
3.3.3 Berechnung der Stützziffer . . . 70
3.4 Anwendungsgrenzen . . . 70

4 Validierung anhand einer Datenbasis für Sinterstähle 73
4.1 Datenbasis . . . 73
4.1.1 Thale PM . . . 73
4.1.2 LBF-Berichte . . . 74
4.1.3 Verwertung der Datenbasis . . . 75
4.2 Anwendung der Konzepte auf die Datenbasis . . . 77
4.2.1 Auswertung . . . 77
4.2.2 Spannungsgradientenansatz . . . 78
4.2.3 FEMFAT Methode . . . 81
4.2.4 Statistischer Größeneinfluss . . . 82
4.2.5 Konzept des höchstbeanspruchten Werkstoffvolumens . . . 87

4.2.6 Bruchmechanische Konzepte (2D) 91
4.2.7 3D-Rissmodellierung 93
4.2.8 Theory of Critical Distances 96
4.3 Fazit und Diskussion der Ergebnisse 99

5 Zusammenfassung und Ausblick 105

A Anhang 107
A.1 Datenbasis 108
A.2 Auswertung im Wahrscheinlichkeitsnetz 116
A.3 Stützziffern der TCD 117
A.4 Spannungsintegrale und Rissbeanspruchungen 119
A.5 Abgeschätzte Dauerfestigkeiten mit der FEMFAT-Methode 126
A.6 Referenzlösung: räumlicher Oberflächenriss 127

Abbildungsverzeichnis 129

Tabellenverzeichnis 133

Literaturverzeichnis 135

Verzeichnis wichtiger Formelzeichen

Lateinische Formelzeichen	
a	Risslänge, bzw. Rissgröße (Radius)
	Exponent für höchstbeanspruchtes Werkstoffvolumen nach KUGUEL
	Exponent für statistischen Größeneinfluss nach FRÖSCHL
a'	Materialparameter des HEYWOOD Modells
$\overline{a}$	Kerbtiefe
a_{G}	Werkstoffgruppenparameter der Stützziffer nach FKM-Richtlinie
a_0	Längenparameter nach El Haddad et al.
b	Exponent des elastischen Anteils der DWL
b_{G}	Werkstoffgruppenparameter der Stützziffer nach FKM-Richtlinie
c	elastischer Übertragungsfaktor
	Exponent des plastischen Anteils der DWL
C	Beanspruchungsparameter nach PETERSON
	Koeffizient der Rissfortschrittsgleichung nach PARIS
D_{i}	Teilschädigung
D_{rel}	relative Schädigungssumme
$\overline{D}_{\mathrm{rel}}$	mittlere relative Schädigungssumme
E	Elastizitätsmodul
F_{a}	Kraftamplitude
g	bezogene Spannungsfunktion
G	Schubmodul
$\mathcal{G}$	Energiefreisetzungsrate
i	Ordnungszahl eines Versuchsergebnisses
I_A	Wert des Spannungsintegrals gebildet über der Bauteiloberfläche
I_V	Wert des Spannungsintegrals gebildet über dem Bauteilvolumen
J	J-Integral

k	Exponent der Wöhlerlinie
K_f	Kerbwirkungszahl
K_I	Spannungsintensitätsfaktor, Modus I
$\Delta K_\mathrm{I,th}$	Schwellwert des zyklischen Spannungsintensitätsfaktors (Modus I)
K'_σ	elastisch-plastische Spannungsformzahl
K_t	Formzahl bezogen auf Nettoquerschnitt
K'_t	Formzahl bezogen auf den Bruttoquerschnitt
K'^*_t	Grenzformzahl nach ATZORI et al.
K'	Koeffizient der ZSD-Kurve
K_D	Exponent des FEMFAT Stützzifferkonzepts
l	Anzahl der Kollektivstufen
L	Materialparameter der Theory of Critical Distances
	wirksame Länge des Verfahrens nach KOGAEV und SERENSEN
m	Anzahl aller Versuchsergebnisse
	Exponent der Rissfortschrittsgleichung nach PARIS
M	Mittelspannungsempfindlichkeit
n	Stützziffer
n_ber	berechnete Stützziffer
n_bm	bruchmechanische Stützziffer
n_exp	experimentell ermittelte Stützziffer
n_ges	Gesamtstützziffer nach LIU
n_i	Anzahl der Schwingspiele einer Kollektivstufe
n_rel	relative Stützziffer
$\overline{n}_\mathrm{rel}$	mittlere relative Stützziffer
n_TCD	Stützziffer aus TCD
n^*_TCD	bezogene Stützziffer der TCD
n_st	statistische Stützziffer
n_vm	verformungsmechanische Stützziffer (Makrostützwirkung)
$n_{\mathrm{V}_{90\%}}$	Stützziffer $V_{90\%}$-Konzept
$n_{\chi'}$	Stützziffer Spannungsgradientenansatz
n'	Exponent der ZSD-Kurve
N	Lastwechselzahl, Lebensdauer
N_A	Anrisslastwechselzahl

N_i	ertragbare Lastwechselzahl für eine Spannungsamplitude
N_D	Abknicklastwechselzahl in die Dauerfestigkeit
P	Vertrauenswahrscheinlichkeit
P_V	Versagenswahrscheinlichkeit
q	Kerbempfindlichkeit
$\vec{q}$	Vektor der Wichtungsfunktion der Domain Integral Method
r_k	kritischer Abstand TCD
$r_{k,AM}$	kritischer Abstand, Area Method
$r_{k,LM}$	kritischer Abstand, Line Method
$r_{k,PM}$	kritischer Abstand, Point Method
$r_{k,VM}$	kritischer Abstand, Volume Method
$r^{K\text{-dom.}}$	Größe des K-dominierten Bereichs
r^{pl}	Größe der plastischen Zone
R	Spannungsverhältnis
R_e	Streckgrenze
R_m	Zugfestigkeit
$R_{p0,2}$	0,2% Dehngrenze
s	Faktor für Festigkeitshypothese der Mikrostützwirkung
S	Nennspannung (bezogen auf den Nettoquerschnitt)
S'	Nennspannung (bezogen auf den Bruttoquerschnitt)
S_{DK}	Bauteildauerfestigkeit als Nennspannung
s_g	Gleitschichtdicke
$s_{\log n_{rel}}$	Standardabweichung relativen Stützziffer
$s_{\log N}$	Standardabweichung in Lebensdauerrichtung
s_σ	Standardabweichung in Spannungsrichtung
T_σ	Streuspanne, Spannungsrichtung
$T_{n_{rel}}$	Streuspanne der relativen Stützziffer
T_N	Streuspanne in Lebensdauerrichtung
u_0	Quantil der standardisierten Normalverteilung
U^*	spezifische Verzerrungsenergie
u_i	Koordinaten des Verschiebungsvektors
V	Volumen
$V_{90\%}$	Volumen mit mindestens 90% der maximalen Spannung

w	Exponent für Konzept des höchstbeanspruchten Werkstoffvolumens
Y	Geometriefunktion zur Berechnung des Spannungsintensitätsfaktors
Y_0	Geometriefunktion in der Werkstoffprobe
Y_K	Geometriefunktion in Kerben

Griechische Formelzeichen

δ	Materialparameter nach PETERSON
δ_{ij}	Kronecker-Symbol
Δ	Schwingbreite der beschriebenen Größe
$\varepsilon_{a,el}$	elastischer Anteil der Dehnungsamplitude
$\varepsilon_{a,pl}$	plastischer Anteil der Dehnungsamplitude
$\varepsilon_{a,pl,D}$	dauerhaft ertragbare plastische Dehnungsamplitude
$\varepsilon_{a,t}$	Gesamtdehnungsamplitude
ε'_f	Koeffizient des plastischen Anteils der DWL
κ	Exponent der Weibullverteilung
ν	Kerbempfindlichkeit des Verfahrens nach KOGAEV und SERENSEN
	Querkontraktionszahl
ρ	Kerbradius
	Materialdichte
ρ^*	Ersatzstrukturlänge nach NEUBER
σ	Spannung (elastizitätstheoretisch)
σ_{ij}	Koordinaten des Spannungstensors
σ_0	Bezugsspannung der WEIBULL-Verteilung
σ_a	Spannungsamplitude
$\overline{\sigma}$	mittlere Kerbspannung
$\sigma_{a,ö}$	örtliche Spannungsamplitude (elastisch-plastisch berechnet)
σ_{eff}	effektive Kerbspannung
σ'_f	Koeffizient des elastischen Anteils der DWL
σ_F	Fließspannung
σ_I	1. Hauptspannung
σ_{lim}	Grenzwert der Spannung bei der Berechnung von Spannungsintegralen

$\sigma_{\mathrm{I,max}}$	Maximalwert der Spannungsverteilung (1. Hauptspannung)
σ_{m}	Mittelspannung
σ_{o}	Oberspannung
σ_{u}	Unterspannung
σ_{V}	Vergleichsspannung
σ_{D}	Werkstoffdauerfestigkeit (Zug-Druck)
$\sigma_{\mathrm{D,b}}$	Werkstoffdauerfestigkeit (Biegung)
σ_{DK}	Dauerfestigkeit gekerbter bzw. angerissener Struktur als Kerbspannung
χ'	bezogener Spannungsgradient
Ψ_{I}	bezogener Spannungsintensitätsfaktor, Modus I
$\Psi_{\mathrm{I,max,0}}$	bezogener Spannungsintensitätsfaktor, Modus I, Werkstoffprobe
$\Psi_{\mathrm{I,max,K}}$	bezogener Spannungsintensitätsfaktor, Modus I, Bauteil/Kerbprobe

Abkürzungsverzeichnis

AM	Area Method der Theory of Critical Distances
DIN	Deutsches Institut für Normung
DWL	Dehnungswöhlerlinie
FEM	Finite-Elemente-Methode
FKM	Forschungskuratorium Maschinenbau
HCF	High Cycle Fatigue
HS	Hauptspannung
HTS	Stützziffer nach Hück, Thrainer, Schütz
kfz	kubisch flächenzentriert
krz	kubisch raumzentriert
LEBM	Linear-elastische Bruchmechanik
LBF	Fraunhofer-Institut für Betriebsfestigkeit und Systemzuverlässigkeit
LM	Line Method der Theory of Critical Distances
PM	Point Method der Theory of Critical Distances
TCD	Theory of Critical Distances
TGL	Technische Normen, Gütevorschriften und Lieferbedingungen
UB	Umlaufbiegung
VM	Volume Method
WS	Werkstoff
ZSD	zyklische Spannungs-Dehnungs(-Kurve)

1 Einleitung und Zielsetzung

Die Sicht auf technische Erzeugnisse und die damit verbundene gesellschaftliche Akzeptanz hat während der letzten 100 Jahre einen starken Wandel erfahren. War der technologische Fortschritt lange Zeit durch seinen alleinigen Nutzen legitimiert, stehen heute auch dessen Folgen und Risiken im Fokus der Betrachtung. Die Innovationen bei der Neu- und Weiterentwicklung von Maschinen sind heute in hohem Maße von der Forderung nach konsequentem Leichtbau getrieben. Dabei liegt aktuell das größte Potential in der Erschließung neuer Werkstoffe mit geringerer Dichte bei vergleichbaren Eigenschaften z. B. Festigkeit oder Steifigkeit. Dieser Trend lässt sich nicht ausschließlich mit dem ökonomischen Zwang zur optimalen Ausnutzung vorhandener Werkstoffressourcen und den gestiegenen Kosten für Rohstoffe zum Betrieb von Maschinen und Anlagen erklären. Auch die zunehmende Sensibilität für ökologische Themen, geprägt von Schlagworten wie Umweltfreundlichkeit und Nachhaltigkeit, führt dazu, dass technische Erzeugnisse und Entwicklungen diesbezüglich kritisch bewertet und hinterfragt werden. Beispielhaft sei hier die Diskussion zur CO_2-Emission bei der Verwendung fossiler Rohstoffe genannt. Demgegenüber steht der Aspekt der Sicherheit, welcher unvermindert einen hohen Stellenwert einnimmt. Das bezieht sich sowohl auf die Gewährleistung einer langen Nutzungsdauer und einer hohen Zuverlässigkeit der Erzeugnisse, als auch auf die Verhinderung folgenreicher Schadensfälle mit Gefahr für Mensch und Umwelt durch Bauteilversagen infolge von Materialermüdung.

1.1 Festigkeitsnachweis

Die Problemstellung der Betriebsfestigkeit wird durch das Ziel von maximaler Material- und Gewichtseinsparung bei einer geforderten Sicherheit gegenüber Ausfall definiert. Mit ihr wird die Ertragbarkeit aller im Betrieb auf ein Bauteil auftretenden Beanspruchungen nachgewiesen. Dies betrifft neben statischen Lasten und Sonderereignissen vor allem die zyklische Belastung. Es existieren grundsätzlich zwei Möglichkeiten der Nachweisführung. Das sind der experimentelle und der rechnerische Festigkeitsnachweis.

Der experimentelle Nachweis liefert genaue Informationen über die Betriebsfestigkeit und die auftretenden Streuungen und damit die bestmögliche Sicherheit, sofern mit dem Experiment die später im Betrieb auftretenden Lasten und Umgebungsbedingungen richtig abgebildet werden. Er ist allerdings im Vergleich zum rechnerischen Nachweis mit deutlich höheren Kosten und höherem Aufwand verbunden. Anwendung findet der experimentelle Festigkeitsnachweis daher für Serienbauteile oder Konstruktionen mit extrem hohen Anforderungen an ihre Sicherheit, wie z. B. in der Luftfahrt.

Der rechnerische Nachweis der Betriebsfestigkeit ist i. A. mit weniger Aufwand verbunden, aber mit erheblichen Unsicherheiten behaftet [1]. Diesen Unsicherheiten wird versucht mit verschiedenen Sicherheitsfaktoren beizukommen. Dafür existieren international eine Vielzahl von Normen, Richtlinien und Berechnungsvorschriften (z. B. [2, 3, 4, 5, 6]). Der Prozess der Materialermüdung ist bis heute nicht abschließend erforscht und verstanden. Die Konzepte der Betriebsfestigkeit können den Prozess der Ermüdung nur phänomenologisch beschreiben. Die Lebensdauerabschätzung bei Beanspruchung mit variablen Amplituden kann anhand experimentell ermittelter oder abgeschätzter sog. synthetischer Wöhlerlinien erfolgen. Im ersten Fall liegen die Unsicherheiten des Ergebnisses vor allem in der den Schädigungsprozess stark vereinfachenden linearen Schadensakkumulationshypothese begründet. Die Verwendung synthetischer Wöhlerlinien ist zusätzlich mit den Unsicherheiten ihrer Abschätzung verbunden.

Der ausschließlich rechnerische Nachweis wird insbesondere bei teuren Bauteilen in Einzelfertigung z. B. des Schwermaschinenbaus geführt. Zudem kann in kleinen und mittleren Unternehmen der Festigkeitsnachweis aufgrund fehlender Ausstattung oft nicht experimentell sondern nur rechnerisch erfolgen. Eine große Bedeutung besitzt der rechnerische Festigkeitsnachweis auch als konstruktionsbegleitender Prozess. Dadurch können z. B. verschiedene Varianten verglichen oder Bauteile im Sinne der Betriebsfestigkeit optimiert werden. Im Idealfall erfolgt erst am fertigen Vorserienprodukt der experimentelle Nachweis. Für den rechnerischen Nachweis im Entwicklungsprozess liegt das Bauteil lediglich in virtueller Form vor und es muss mit abgeschätzten Bauteilkennwerten gearbeitet werden. Die Grundlage der dafür verwendeten synthetischen Wöhlerliniensysteme ist die Werkstoffdauerfestigkeit. Diese wird über ein Stützzifferkonzept auf das Bauteil zur Bauteildauerfestigkeit übertragen. Ist die Bauteildauerfestigkeit mitsamt zugehöriger Abknicklastwechselzahl bekannt, fehlt zur vollständigen Beschreibung der Wöhlerlinie noch der Exponent. Für diesen existieren bisher keine zuverlässigen Abschätzkonzepte [7], so dass er z. B. in der FKM-Richtlinie [2] auf einen konstanten, von der konkreten Kerbform unabhängigen Wert gesetzt wird. Somit liegt in der Berechnung der Stützziffer der einzige Einfluss des Anwenders auf die Bemessungswöhlerlinie. Das verwendete Stützzifferkonzept ist folglich entscheidend für die Qualität des rechnerischen Festigkeitsnachweises. Das gilt umso mehr, wenn der Nachweis als sog. Dauerfestigkeitsnachweis auf unbegrenzte Lebensdauer erfolgt. Das ist beispielsweise für viele Bauteile im Kraftfahrzeugbau und für Antriebselemente der Fall.

1.2 Besonderheiten bei Sinterstahl

Die Pulvermetallurgie ermöglicht eine Vielzahl von möglichen Werkstoffkombinationen und eine große Bandbreite an realisierbaren Bauteilformen. Bei der pulvermetallurgischen Herstellung von Bauteilen erfolgen die Schritte des Ur- und Umformens in dem gleichen technologischen Bearbeitungsschritt [8]. Dabei entsteht nach dem Pressen des Pulvers in vielen Fällen bereits die endgültige Bauteilform, womit eine optimale Materialausnutzung erreicht wird. Dieser Prozess ist hochgradig automatisierbar und damit prädestiniert für die Großserienfertigung. Das Hauptanwendungsfeld erstreckt sich daher auf den Automobilbau, wo beispielsweise Getriebeteile, Nockenwellenantriebe, Turbolader, Lenksäulen oder Pleuelstangen pulvermetallurgisch hergestellt werden [9]. Aufgrund ihrer geringen Dichte eignen sich Sinterstähle als Alternative zu erschmolzenen Stählen um den Anforderungen nach Leichtbau gerecht zu werden. Bedingt durch ihre poröse Mikrostruktur sind die zyklischen Festigkeitseigenschaften des Werkstoffs schlechter als bei erschmolzenen Stählen. Allerdings sind sie aus demselben Grund weniger kerbempfindlich, so dass sie bei stark gekerbten Bauteilen durchaus mit erschmolzenen Stählen gleicher statischer Festigkeit vergleichbar sind [10]. In diesem Zusammenhang kommt der quantitativ korrekten Erfassung der Kerbempfindlichkeit die entscheidende Rolle für die sichere Bemessung von Bauteilen aus Sinterstahl zu [11]. Nur mit einem verlässlichen Stützzifferkonzept kann die Übertragung der Dauerfestigkeit vom Werkstoff auf das Bauteil gelingen, so dass pulvermetallurgisch hergestellte Bauteile mit ihren Stärken gewinnbringend eingesetzt werden können.

1.3 Zielstellung der Arbeit

Das Ziel dieser Arbeit liegt in der Evaluierung und Weiterentwicklung von Stützzifferkonzepten für den rechnerischen Festigkeitsnachweis von Bauteilen aus Sinterstahl. Dabei sollen die Besonderheiten des Werkstoffs und der daraus hergestellten Bauteile berücksichtigt werden. Das betrifft die stark werkstoff- und dichteabhängigen Kerbempfindlichkeiten [12] sowie die mögliche Formenvielfalt von pulvermetallurgisch hergestellten Bauteilen. Daraus ergeben sich entsprechende Anforderungen an ein Stützzifferkonzept für Sinterstahl:

1. Die individuellen Kerbempfindlichkeiten müssen erfasst und in der Berechnung der Stützziffer berücksichtigt werden.

2. Die Anwendung soll ohne Einschränkungen an die Bauteilgeometrie möglich sein.

Die Erfassung von individuellen Kerbempfindlichkeiten kann mittels bruchmechanischer Konzepte erfolgen. Dabei ergibt sich unter Verwendung der Werkstoffdauerfestigkeit und des Schwellwertes für den zyklischen Rissfortschritt ein materialtypischer Längenparameter, welcher für die Kerbempfindlichkeit des Werkstoffs charakteristisch ist. Der zweite Punkt schließt u. a. zwangsläufig die Forderung nach „Formzahlfreiheit“ des Konzepts ein, da die Bestimmung der Formzahl auf einfache Kerbgeometrien beschränkt ist. Vorhandene bruchmechanische Stützzifferkonzepte sind anhand ebener Referenzgeometrien abgeleitet worden. Daher beinhalten sie das Problem der Übertragbarkeit der konkreten Bauteilgeometrie auf die Referenzgeometrie. Um diese Probleme zu vermeiden soll in dieser Arbeit das bruchmechanische Stützzifferkonzept für die Anwendung auf beliebige räumliche Kerbgeometrien weiterentwickelt werden.

Für die Evaluierung findet eine breite Datenbasis verschiedener Sinterstähle Anwendung. Es gehört weiterhin zum Anliegen des Autors, einen umfangreichen Überblick über vorhandene Stützzifferkonzepte zu geben und Hinweise für ihre praktische Umsetzung zu liefern.

2 Stützzifferkonzepte zur Übertragung der Dauerfestigkeit

2.1 Übertragung von Werkstoffkennwerten auf gekerbte Strukturen

2.1.1 Grundlegendes zur Dauerfestigkeit

Der Verlauf der Wöhlerlinie nach dem Abknickpunkt wird mit zwei verschiedenen Wöhlerlinientypen beschrieben. Wöhlerlinien vom Typ I besitzen eine ausgeprägte Dauerfestigkeit und verlaufen damit horizontal nach dem Abknickpunkt. Sie sind bei allen üblichen Bau- und Vergütungsstählen anzutreffen. Bei Typ II - Wöhlerlinien fällt die Wöhlerlinie nach dem Abknickpunkt weiter ab. Dieser Anstieg ist allerdings deutlich flacher als im Zeitfestigkeitsbereich. Typ II - Wöhlerlinien treten bei erhöhten Temperaturen, unter Einwirkung korrosiver Medien, hochfesten Stählen (R_m > 1200 MPa) sowie Leichtmetalllegierungen auf [7]. Der bisherige Stand der Technik ist in der aktuellen wissenschaftlichen Diskussion umstritten [13]. Konkret besteht die Frage, ob beim Wöhlerlinientyp I nach dem Abknickpunkt die Wöhlerlinie in einen exakt horizontalen Verlauf übergeht oder ähnlich Typ II mit flachem Anstieg weiter abfällt. Im Ergebnis aktueller Forschungsvorhaben [14, 15] zum HCF-Bereich der zyklischen Festigkeit wurde der aktuelle Kenntnisstand grundlegend zusammengefasst: Einen flachen Abfall der Wöhlerlinie hinter dem Abknickpunkt zeigen Metalle mit krz-Gitter in korrosiven Medien oder bei erhöhten Temperaturen sowie kubisch flächenzentrierte Metalle. Einen getreppten Verlauf mit einem zweiten Abknickpunkt zeigen einige hochfeste Stähle mit Oberflächenbehandlung. Keine Dauerfestigkeit wird bei Stählen sehr hoher Festigkeit sowie einigen kfz-Stählen beobachtet. Die in diesem Zusammenhang wichtige Aussage besteht darin, dass bei Stählen niedriger Festigkeit und Bauteilen mit scharfen Kerben von der Existenz einer Dauerfestigkeit auszugehen ist. Auch wenn diese Untersuchungen nicht auf Sinterstähle bezogen sind, kann von der Existenz einer Dauerfestigkeit für diese ausgegangen werden. Zwar wirken die Poren im Werkstoff rissinitiierend. Die Inhomogenität der Mikrostruktur von Sinterstählen behindert jedoch das Risswachstum bei niedriger Beanspruchung. Diese Mechanismen begründen das Auftreten einer Typ I - Wöhlerlinie mit ausgeprägtem Zeit- und Dauerfestigkeitsbereich [16].

2.1.2 Kerbwirkung bei zyklischer Beanspruchung

Der rechnerische Festigkeitsnachweis basiert auf an ungekerbten Werkstoffproben ermittelten Kennwerten. Für die Auslegung von Bauteilen kommt der Übertragung dieser Kennwerte eine zentrale Rolle zu. Dazu müssen die sich aus Form und Größe des Bauteils ergebenden Einflüsse berücksichtigt werden [17].

Im Folgenden werden in dieser Arbeit mit σ Kerbspannungen bezeichnet. Diese entsprechen den nach der linearen Elastizitätstheorie berechneten (Vergleichs-)Spannungen an der entsprechenden Stelle des Bauteils. Reale Bauteile besitzen i. A. konstruktionsbedingt Kerben. Diese ergeben sich z. B. durch Querschnittsveränderungen wie Übergänge, Einstiche oder Bohrungen. Das führt an diesen Stellen zur Spannungskonzentration, welche im kerbnahen Bereich eine stark inhomogene Spannungsverteilung zur Folge hat. Bei der Übertragung von Festigkeitskennwerten von ungekerbten Werkstoffproben auf Bauteile wird die Dauerfestigkeit des Bauteils σ_{DK} zum Teil stark unterschätzt, wenn die Dimensionierung derart erfolgt, dass die maximale Kerbspannung der Werkstoffdauerfestigkeit σ_{D} entspricht (Abb. 2.1). Dieses Phänomen lässt sich mit den Begriffen Stützwirkung und Größeneinfluss beschreiben. Die Berechnung der Bauteildauerfestigkeit erfolgt über eine Stützziffer n mit

$$n = \frac{\sigma_{\mathrm{DK}}}{\sigma_{\mathrm{D}}}, \tag{2.1}$$

welche von Kerbgeometrie, Werkstoff und Spannungsverhältnis abhängig ist. Sie beträgt für eine ungekerbte axial beanspruchte Probe $n = 1$ und steigt mit zunehmender Kerbschärfe und damit verbundener größerer Inhomogenität des kerbnahen Spannungsfeldes an. In der Stützziffer kommt die Kerbempfindlichkeit des Werkstoffs zum Ausdruck. Bei einem kerbempfindlichen Werkstoff zeigt sich bei gleicher Bauteilgeometrie ein kleineres Verhältnis von Bauteildauerfestigkeit zur Werkstoffdauerfestigkeit als bei einem Werkstoff geringerer Kerbempfindlichkeit.

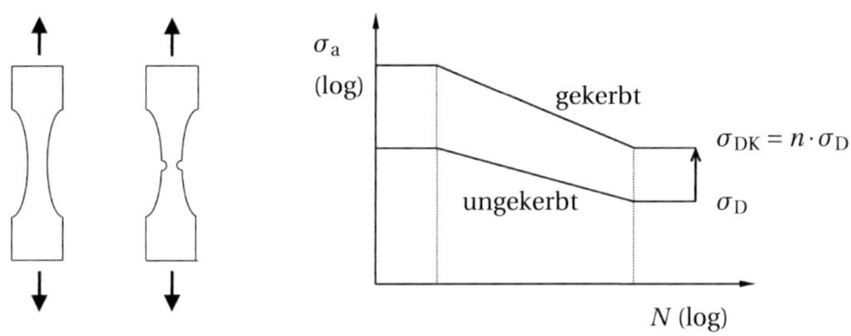

Abb. 2.1: Prinzipieller Vergleich der Wöhlerlinien gekerbter und ungekerbter Proben

Die Bauteildauerfestigkeit σ_{DK} in Gleichung (2.1) und Abbildung 2.1 ist als Kerbspannung angegeben. Sie entspricht somit der maximalen elastizitätstheoretisch berechneten Spannung in der Kerbe. Im Kerbgrund tritt i. A. ein mehrachsiger Spannungszustand auf. Dabei ist eine geeignete Vergleichsspannung zu verwenden. Für spröde Materialien wie Sinterstahl kann die Normalspannungshypothese verwendet werden [18, 19]. Historisch gewachsen ist die Beschreibung der Kerbspannungen mittels einer Formzahl K_t. Diese setzt die Definition einer Nennspannung S voraus und ist definiert als der Quotient aus der maximalen Kerbspannung σ_{max} und der Nennspannung S:

$$K_t = \frac{\sigma_{max}}{S}. \tag{2.2}$$

Die Nennspannung wird in der Betriebsfestigkeit üblicherweise bezogen auf den Nettoquerschnitt und somit unter Berücksichtigung der Kerbe definiert. In der Bruchmechanik wird sie jedoch meist auf den Bruttoquerschnitt (ohne Abzug der Risslänge) bezogen. Analog zur Formzahl wird die Kerbwirkungszahl K_f als das Verhältnis von Werkstoffdauerfestigkeit zur Bauteildauerfestigkeit als Nennspannung S_{DK} definiert

$$K_f = \frac{\sigma_D}{S_{DK}} \tag{2.3}$$

und liegt zwischen 1 und K_t. Damit lässt sich eine zu Gl. (2.1) identische Stützziffer als

$$n = \frac{K_t}{K_f} \tag{2.4}$$

formulieren. Formzahl und Kerbwirkungszahl werden in verschiedenen Kerbwirkungskonzepten noch heute verwendet, sind aber im Grunde überflüssig. Sie lassen sich nur für Bauteile mit einfachen Kerbformen berechnen, welche in der Praxis häufig nicht vorliegen. In der heutigen Praxis ist die Spannungsberechnung mittels FEM der Stand der Technik, welche die Ergebnisse als Kerbspannungen berechnet. In diesem Zusammenhang sind nur Stützzifferkonzepte anwendbar, welche formzahlfrei definiert sind.

Es gibt zahlreiche Ansätze und Modelle zur Erklärung der Stützwirkung und Berechnung der entsprechenden Stützziffern. NEUBER [20] führte den Begriff der Mikrostützwirkung ein. Er ging davon aus, dass nicht die (elastisch berechnete) Kerbspannung die Dauerfestigkeit bestimmt, sondern die über der Abmessung eines Werkstoffteilchens (Kristallits) gemittelte Spannung. Das wird mit den ab einer gewissen Größenordnung von der Kontinuumstheorie abweichenden Werkstoffeigenschaften begründet. Die Stützwirkung lässt sich auch bruchmechanisch begründen. Ermüdungsrisse in einem inhomogenen Spannungsfeld sind aufgrund des Spannungsgradienten einer geringeren Spannungsintensität ausgesetzt als bei einem homogenen Spannungsfeld in einer ungekerbten Probe [21]. Auch die durch Kerben hervorgerufene örtlich mehrachsige Beanspruchung behindert lokal das Fließen, wodurch die ertragbaren Spannungen ansteigen [7]. Es ist daher fraglich, ob im Zusammenhang mit der Stützwirkung von Festigkeitssteigerung gesprochen werden kann. Es ist vielmehr die Herabsetzung der wirkenden Spannungen im Kerbgrund, welche die Stützwirkung begründen.

Unter statistischem Größeneinfluss wird die Abhängigkeit der Festigkeitswerte von der absoluten Bauteil- oder Probengröße verstanden. Mit zunehmender Bauteil- und Probengröße nimmt die Dauerfestigkeit ab. Das ist in der statistischen Verteilung von anrissinitiirenden Fehlstellen in Werkstoffen begründet.

KLOOS [22] fasst die verschiedenen dem Größeneinfluss zu Grunde liegenden Mechanismen in vier Kategorien zusammen:

- technologischer Größeneinfluss,
- spannungsmechanischer (geometrischer) Größeneinfluss,
- statistischer Größeneinfluss und
- oberflächentechnischer Größeneinfluss.

Der technologische Größeneinfluss beinhaltet die Wirkung unterschiedlichen Gefüges in großen Bauteilen gegenüber kleinen Proben bei Vergütungsstählen, den Reinheitsgrad des Werkstoffs sowie die Graphitform bei Eisen-Graphit-Werkstoffen. Unter dem spannungsmechanischen Größeneinfluss wird der Stützwirkungseffekt infolge inhomogener Spannungsverteilung verstanden. Der statistische Größeneinfluss ist durch die statistische Verteilung von Fehlstellen im Werkstoff bedingt und der oberflächentechnische Größeneinfluss erfasst die unterschiedliche Tiefenwirkung von Oberflächenverfestigungen und die daraus resultierenden Eigenspannungen. Eine getrennte Betrachtung des spannungsmechanischen und des statistischen Größeneinflusses ist oft nur in Sonderfällen möglich. In der Regel überlagern sich beide Effekte, da mit zunehmender Kerbschärfe, bzw. ansteigenden bezogenen Spannungsgradienten auch die Größe der hochbeanspruchten Oberflächen und Volumina abfällt. Es ist durchaus möglich, dass der versagenskritische Ort nicht mit dem der maximalen Spannung zusammenfällt. So kann die Maximalspannung in einer sehr scharfen Kerbe auftreten. Dieser Wert wird dann durch eine große Stützziffer stark abgemildert und ist dadurch evtl. kleiner als eine kleinere Spannungsspitze, die in einer milderen Kerbe mit geringerer Stützwirkung auftritt.

Mit dieser Arbeit wird das Ziel verfolgt den spannungsmechanischen Größeneinfluss und damit überlagert zwangsläufig auch den statistischen Größeneinfluss zu beschreiben und anhand von Probestäben aus Sinterstahl zu validieren. Eine von den übrigen Größeneinflüssen separate Betrachtung ist möglich, da die verwendeten Werkstoffproben und Kerbproben im vergleichbaren Fertigungszustand (Oberfläche, Dichte, chemische Zusammensetzung) vorliegen und sich nur geometrisch in ihrer Kerbform unterscheiden.

2.1.3 Systematik von Stützzifferkonzepten

In den folgenden Absätzen dieses Kapitels erfolgt ein Abriss über vorhandene Konzepte zur Berechnung der Stützziffer und damit den Stand der Technik auf diesem Gebiet. Die dafür gewählte Gliederung soll einen systematischen Überblick des Standes der Technik ermöglichen. Einander prinzipiell verwandte Konzepte werden dafür zu Konzeptgruppen zusammengefasst. Die gewählte Systematik unterscheidet die vorgestellten Konzepte nach den verwendeten Parametern zur Beschreibung der Kerbform. Eine Ausnahme bildet Absatz 2.2. Dort werden zur Vollständigkeit ältere Ansätze und Konzepte zusammengefasst. Sie finden heute meist keine Anwendung mehr.

Allen Stützwirkungskonzepten ist gemein, dass zur Bewertung der Stützwirkung grundsätzlich zwei Informationen benötigt werden. Zum einen muss die Kerbe bzw. die versagenskritische Stelle bezüglich ihrer Form und des daraus resultierenden Beanspruchungsfeldes beschrieben werden. Zum anderen ist die Wirkung des damit verbundenen inhomogenen Spannungszustands auf das Material zu bewerten. Die Kerbwirkung und damit die Größe der Stützziffer sind dementsprechend von Form und Material abhängig. Die Parameter zur Bewertung der Kerbform können rein geometrisch sein und z. B. Kerbradius oder Kerbtiefe beinhalten. Sie sind allerdings ungeeignet, wenn die Spannungskonzentration infolge der Belastungsart (Biegung, Torsion) und nicht durch eine Kerbe verursacht wird, oder die Kerbform zu komplex ist, um diese Parameter zu bestimmen. Da Schädigung ein nichtlokales Phänomen ist, wird in den meisten Konzepten nicht die Kerbe an sich, sondern das die Kerbe umgebende Spannungsfeld zur Bewertung herangezogen. Dieses kann mit phänomenologischen Parametern wie dem bezogenen Spannungsgradienten näherungsweise beschrieben werden: umso schärfer eine Kerbe ist, desto stärker der Abfall der Maximalspannung hinter der Kerbe. Andere Konzepte verwenden als Parameter das höchstbeanspruchte Volumen, in dem eine bestimmte Spannung nicht unterschritten wird, das Integral über der Spannung in einem bestimmten Volumen oder die über einem charakteristischen Bereich gemittelte Spannung. Bruchmechanische Konzepte wiederum verwenden die Beanspruchung an einem Riss materialcharakteristischer Größe im Kerbgrund.

Die Größe dieses Risses oder des Bereiches der zu mittelnden Spannung entsprechen der Information über die Kerbempfindlichkeit des Materials und bestimmen, wie stark die Wirkung einer Kerbe auf ein bestimmtes Material ist. Diese Größen lassen sich zum Teil aus theoretischen Überlegungen herleiten. Bei den Konzepten hingegen, welche den bezogenen Spannungsgradienten oder das höchstbeanspruchte Werkstoffvolumen zur Charakterisierung der Kerbe verwenden, bestimmen empirisch ermittelte Faktoren und Exponenten die werkstoffseitige Wirkung einer Kerbe. Diese werden anhand von Versuchsergebnissen angepasst. Die Kerbempfindlichkeit eines Materials hängt von verschiedenen Faktoren ab. So zeigt sich bei erschmolzenen Stählen eine mit steigender statischer Festigkeit zunehmende Kerbempfindlichkeit. Das lässt sich zum Teil durch die größere zyklische Plastizität duktiler Stähle niedriger Festigkeit im Vergleich zu den spröden hochfesten Stählen erklären. Des Weiteren hat die Mikrostruktur einen entscheidenden Einfluss auf die Wirkung inhomogener Beanspruchung. Werkstoffe mit inhomogener Mikrostruktur haben bedingt durch ihre Porosität innere Kerben. Dadurch besitzen sie bereits eine vergleichsweise niedrige Werkstoffdauerfestigkeit. Allerdings ist es fraglich, ob hier von einem reinen Werkstoffkennwert gesprochen werden kann. In Werkstoffproben aus porösen Werkstoffen unter axialer Belastung stellt sich kein homogener Spannungszustand ein. Es kommt an den Poren zur Spannungskonzentration in Kombination mit einem mehrachsigen Spannungszustand. Äußere Kerben an Bauteilen und Proben aus porösen Werkstoffen wirken sich dann weniger stark aus. Das führt bei den makroskopisch spröden Werkstoffen Gusseisen und Pulvermetallen ebenfalls zu großen Stützziffern.

2.2 Klassische Ansätze für die Stützwirkung

2.2.1 Kerbempfindlichkeit nach Thum

Auf Thum [23, 24] (zitiert in [25]) geht der Begriff der Kerbempfindlichkeit zurück. Ihr Kennwert q liegt zwischen $q = 0$ (kerbunempfindlicher Werkstoff) und $q = 1$ (voll kerbempfindlicher Werkstoff). Damit wird die Kerbwirkungszahl zu

$$K_\mathrm{f} = 1 + (K_\mathrm{t} - 1) \cdot q \tag{2.5}$$

berechnet. Die Kerbempfindlichkeit q nimmt nach dem ursprünglichen Modell für jeden Werkstoff einen konstanten Wert an. Sie ist rein empirischer Natur und deshalb experimentell zu ermitteln. Die Form der Kerbe wird einzig durch die Formzahl berücksichtigt. Da sie für die Ermüdungsfestigkeit eine unzureichende Größe zur Charakterisierung der Kerbform darstellt, wird z. B. in der TGL [5] der Kerbradius ρ in die Berechnung der Kerbempfindlichkeit einbezogen. Dieser korreliert in hohem Maße mit dem bezogenen Spannungsgradienten, welcher eine Kerbform bezüglich der Stützwirkung deutlich besser charakterisieren kann. Für Stähle gilt dann

$$q = \frac{1}{1 + \frac{8\,\mathrm{mm}}{\rho} \cdot \left(1 - \frac{R_\mathrm{e}}{R_\mathrm{m}}\right)^3}. \tag{2.6}$$

Die Abschätzformel geht auf experimentelle Untersuchungen von Tauscher [26] zurück. Ansätze zur Anwendung des Konzeptes auf andere Werkstoffgruppen liegen nicht vor.

2.2.2 Mikro- und Makrostützwirkung nach NEUBER

Der Ansatz von NEUBER [20] beruht auf der Überlegung, dass in einem aus Teilchen endlicher Abmessung ρ^* aufgebauten Werkstoff der Spannungsgradient über diesen Teilchen null sein muss. Die maximale Spannung im Kerbgrund ergibt sich demnach nicht aus dem elastizitätstheoretischen Verlauf der Vergleichsspannung $\sigma_V(x)$, sondern aus der Mittelung über der Teilchenlänge:

$$\overline{\sigma}_V = \frac{1}{\rho^*} \int_{x=0}^{x=\rho^*} \sigma_V(x)\, dx. \tag{2.7}$$

Die Abmessung ρ^* ist als werkstoffabhängige Ersatzstrukturlänge eingeführt, die aus experimentellen Daten abgeleitet wird. Sie ist weiterhin von der Fließgrenze des Werkstoffs abhängig. Mit Gl. (2.7) erfolgt der Übergang von einer elastizitätstheoretischen Kerbgrundspannung zu einer wirksamen Spannung, die kleiner als die elastizitätstheoretische Spannung ist. Die Mikrostützwirkung wird rein elastisch berechnet und ist daher unabhängig von der Größe der äußeren Belastung.

Zur einfacheren Handhabung schlägt NEUBER vor, die Kerbspannung alternativ für einen fiktiv vergrößerten Kerbradius ρ_f zu berechnen. Dieser wird aus dem realen Kerbradius ρ und einem von Beanspruchungsart und verwendeter Festigkeitshypothese abhängigen Faktor s berechnet:

$$\rho_f = \rho + s\rho^* \tag{2.8}$$

Mit diesem Wert wird die Kerbwirkungszahl zu

$$K_f = 1 + \frac{K_t - 1}{\sqrt{1 + s\frac{\rho^*}{\rho}}}. \tag{2.9}$$

berechnet. Oft wird Gl. (2.9) in einer formzahlfreien Form angenähert [27]. Durch Umformen erhält man

$$n = \frac{K_t}{K_f} = \frac{\sqrt{1 + s\frac{\rho^*}{\rho}}}{\frac{1}{K_t}\left(\sqrt{1 + s\frac{\rho^*}{\rho}} - 1\right) + 1} \approx \sqrt{1 + s\frac{\rho^*}{\rho}}, \tag{2.10}$$

da der erste Summand des Nenners für gewöhnlich deutlich kleiner eins ist.

Bei Beanspruchungen, die den linear-elastischen Bereich des Werkstoffgesetzes überschreiten, ist nach NEUBER die Makrostützwirkung bzw. plastische Stützwirkung maßgebend. Sie berücksichtigt plastisches Fließen im Kerbgrund. Infolge dessen kommt es zur Spannungsumlagerung und damit verbunden zu einer geringeren örtlichen Maximalspannung, als elastizitätstheoretisch berechnet. Die örtliche Spannungsamplitude $\sigma_{a,ö}$ kann nach NEUBER [28] aus der Gesamtdehnungsamplitude $\varepsilon_{a,t}$ und der elastizitätstheoretischen Kerbspannungsamplitude σ_a mit

$$\sigma_{a,ö} \cdot \varepsilon_{a,t} = \frac{\sigma_a^2}{E} \tag{2.11}$$

abgeschätzt werden. Diese Gleichung hat im Örtlichen Konzept breite Anwendung gefunden. Die Makrostützwirkung ist dort bereits in der Beanspruchungsermittlung enthalten. Nach ZENNER und LIU [29] kann sie auch als spannungsmechanische Stützziffer

$$n_{\mathrm{sm}} = \sqrt{1 + \frac{E \cdot \varepsilon_{\mathrm{a,pl,D}}}{\sigma_{\mathrm{D}}} \cdot n_{\mathrm{st}}^{\left(\frac{1}{n'}-1\right)}} \tag{2.12}$$

berechnet werden und ist in dieser Formulierung auch von der statistischen Stützziffer n_{st} abhängig.

Während die Mikrostützwirkung bei spröden Werkstoffen dominierend ist, hat die Makrostützwirkung bei duktilen Werkstoffen einen großen Anteil an der Gesamtstützwirkung. Die in [30] ermittelten Dehnungswöhlerlinien belegen, dass sich Sinterstähle selbst im Kurzzeitfestigkeitsbereich nahezu rein elastisch verhalten. Daher genügt die Berücksichtigung der (elastischen) Mikrostützwirkung.

2.2.3 Ansatz nach PETERSON

Im Gegensatz zu NEUBER schlug PETERSON [31] vor, als wirksame Kerbspannung den Wert zu verwenden, auf den die Spannung in einem bestimmten Abstand hinter dem Kerbgrund abgefallen ist. Die Beanspruchung in einer Kerbe ist demnach dauerfest ertragbar, wenn die Spannung im Abstand δ hinter der Kerbe der Werkstoffdauerfestigkeit entspricht. Unter der vereinfachenden Annahme, dass die Spannung in Kerbnähe linear abfällt, gelangt PETERSON auf folgenden Zusammenhang für die Kerbempfindlichkeit:

$$q = \frac{1}{1 + \frac{K_{\mathrm{t}}}{K_{\mathrm{t}}-1} C \frac{\delta}{\rho}}. \tag{2.13}$$

Die empirischen Parameter δ und C bilden dabei das Material und die Beanspruchungsart ab. Für Biegungs- und Torsionsbeanspruchung werden $C = 2{,}5$ bzw. $C = 1{,}2$ angegeben. Der materialabhängige Parameter δ ist prinzipiell vergleichbar mit der Ersatzstrukturlänge ρ^* nach NEUBER. Mit ansteigendem δ sinkt die Kerbempfindlichkeit des Werkstoffs.

2.2.4 Ansatz nach HEYWOOD

Zur Beschreibung der geringen Kerbempfindlichkeit von Gusseisen infolge der inneren Kerbwirkung leitet HEYWOOD [32], zitiert in [33], eine empirische Formel zur Berechnung der Kerbwirkungszahl her:

$$K_{\mathrm{f}} = \frac{K_{\mathrm{t}}}{1 + 2\frac{\sqrt{a'}}{\sqrt{\rho}}\left(\frac{K_{\mathrm{t}}-1}{K_{\mathrm{t}}}\right)}. \tag{2.14}$$

Die Materialkonstante a' entspricht der Größenordnung einer äquivalenten Fehlstelle im Werkstoff und ist für verschiedene Gusswerkstoffe angegeben. Im Unterschied zu den Formeln von NEUBER und PETERSON ist dieser Ansatz rein empirisch und wurde ohne zugrundeliegende theoretische Modellvorstellung abgeleitet.

2.3 Statistischer Größeneinfluss nach dem Fehlstellenmodell

Die Berechnung des statistischen Größeneinflusses beruht auf dem Fehlstellenmodell von WEIBULL [34]. Es wurde zur statistischen Beschreibung der Zugfestigkeit spröder Werkstoffe entwickelt und u. a. von HECKEL und KÖHLER auf die Schwingfestigkeit übertragen [35]. Demnach hängen die Festigkeitseigenschaften direkt von der Proben- bzw. Bauteilgröße ab und sind in der statistischen Verteilung von Fehlstellen begründet. Festigkeitseigenschaften wie die Dauerfestigkeit nehmen mit steigender Bauteilgröße ab, da die Wahrscheinlichkeit der Anrissbildung an den statistisch verteilten Fehlstellen ansteigt. Auch die höhere Dauerfestigkeit gekerbter Strukturen lässt sich damit erklären. Infolge der Spannungskonzentration an Kerben ist hier der höchstbeanspruchte Bereich, von dem das Versagen ausgeht, kleiner als in einer homogen beanspruchten Werkstoffprobe.

Die Herleitung ist vielfach in der Literatur zu finden [36, 37] und soll hier nur kurz angedeutet werden. Ein Bauteil bzw. eine Probe wird als ein in Reihe geschaltetes System von Volumenelementen verschiedener Ausfallwahrscheinlichkeiten angenähert. Tritt am schwächsten Glied dieser Kette Versagen auf, dann versagt das ganze Bauteil (Weakest Link - Modell). Die Versagenswahrscheinlichkeit jedes mit σ beanspruchten Volumenelements wird mit der nach WEIBULL benannten zweiparametrischen Verteilungsfunktion

$$P_V(\sigma) = 1 - e^{-\left(\frac{\sigma}{\sigma_0}\right)^{\kappa}} \tag{2.15}$$

mit den Parametern σ_0 und κ beschrieben. Die Bezugsgröße σ_0 gibt als Lageparameter die dauerhaft ertragbare Spannung für $P_V = 63{,}21\%$ an und der WEIBULL-Exponent κ ist das Maß für die Streuung der Festigkeitseigenschaften des Werkstoffs.

Diese Verteilung lässt sich nun auf eine Probe mit dem Volumen V übertragen. Um den allgemeinen Fall inhomogener Spannungsverteilung erfassen zu können, wird dieses Volumen in n Teilvolumina ΔV_i konstanter Spannung $\overline{\sigma}(V_i)$ zerlegt. Die Überlebenswahrscheinlichkeit bezogen auf ein Referenzvolumen V_0 ergibt:

$$P_{\text{Ü,Pr}} = e^{-\sum_{i=1}^{n} \frac{\Delta V_i}{V_0} \cdot \left(\frac{\overline{\sigma}(V_i)}{\sigma_0}\right)^{\kappa}}. \tag{2.16}$$

Im Fall mehrachsiger Beanspruchungen ist für σ die entsprechende Vergleichsspannung zu verwenden. Mit dem Grenzübergang $\Delta V_i \to 0$ für $i \to \infty$ wird aus Gleichung (2.16)

$$P_{\text{Ü,Pr}} = e^{-\frac{1}{V_0\sigma_0^\kappa}\cdot\int_V (\sigma(x,y,z))^\kappa \,\mathrm{d}V}. \tag{2.17}$$

Unter der Voraussetzung gleicher Parameter σ_0 und κ ist die Ausfallwahrscheinlichkeit von Bauteil und Probe identisch, wenn

$$\int_{V_{\text{Pr}}} \left(\sigma_{\text{Pr}}(x,y,z)\right)^\kappa \,\mathrm{d}V = \int_{V_{\text{Bt}}} \left(\sigma_{\text{Bt}}(x,y,z)\right)^\kappa \,\mathrm{d}V \tag{2.18}$$

gilt. Durch die Einführung der bezogenen Spannungsfunktion

$$g(x,y,z) = \frac{\sigma(x,y,z)}{\sigma_{\text{max}}} \tag{2.19}$$

erfolgt die Wichtung der Teilvolumina entsprechend der jeweils maximal auftretenden Spannung. Durch Einsetzen von Gl. (2.19) kann Gl. (2.18) nach den maximalen Spannungen aufgelöst werden und es ergibt sich der Zusammenhang zwischen den maximalen Spannungen von Probe und Bauteil

$$\sigma_{\text{max,Bt}} = \left(\frac{\int_{V_{\text{Pr}}} g_{\text{Pr}}(x,y,z)^\kappa \,\mathrm{d}V_{Pr}}{\int_{V_{\text{Bt}}} g_{\text{Bt}}(x,y,z)^\kappa \,\mathrm{d}V_{Bt}}\right)^{\frac{1}{\kappa}} \sigma_{\text{max,Pr}} \tag{2.20}$$

bei gleicher Überlebenswahrscheinlichkeit. Sind Probe und Bauteil vom gleichen Material, ist auch die Beanspruchbarkeit in den einzelnen Werkstoffelementen identisch. Der Zusammenhang in Gl. (2.20) kann dadurch auch als Relation der Beanspruchbarkeiten, konkret der Dauerfestigkeiten, verstanden werden. Damit lässt sich aus dem Verhältnis beider die Stützziffer für den statistischen Größeneinfluss entsprechend Gl. (2.1) formulieren:

$$n_{\text{st}} = \left(\frac{\int_{V_{\text{Pr}}} g_{\text{Pr}}(x,y,z)^\kappa \,\mathrm{d}V_{\text{Pr}}}{\int_{V_{\text{Bt}}} g_{\text{Bt}}(x,y,z)^\kappa \,\mathrm{d}V_{\text{Bt}}}\right)^{\frac{1}{\kappa}} = \left(\frac{I_{V,\text{Pr}}}{I_{V,\text{Bt}}}\right)^{\frac{1}{\kappa}}. \tag{2.21}$$

Abhängig davon, ob das Versagen vom Bauteilinneren oder von der Oberfläche ausgeht, werden die Spannungsintegrale über $g(x,y,z)$ auch als Oberflächenintegrale gebildet [38]. Es ist aus Sicht des Autors jedoch fraglich, ob dies physikalisch sinnvoll ist. So kann der unbestrittene Unterschied in der Dauerfestigkeit zwischen Zug-Druck-Beanspruchung und Umlaufbiegebeanspruchung bei Verwendung von Oberflächenintegralen I_A nicht erfasst werden. Bei Bauteilen aus porösen Werkstoffen wie Sintermetallen kann von der Anrissbildung an inneren, oberflächennahen Poren ausgegangen werden. Daher wird in dieser Arbeit das Spannungsintegral über dem Volumen gebildet.

In Gl. (2.21) verbleibt κ als einziger Materialparameter. Er ist von der Streuung der Werkstoffeigenschaften abhängig. Die Ermittlung von κ kann direkt durch Auftragen der Versuchspunkte $(P;\sigma)$ aus Schwingfestigkeitsuntersuchungen im WEIBULL-Netz bestimmt oder indirekt aus der Streuspanne der Schwingfestigkeit T_σ abgeschätzt werden [7]. Unter Annahme der Weibullverteilung für T_σ gilt

$$\kappa = \frac{1{,}34}{\log T_\sigma} \tag{2.22}$$

bzw.

$$\kappa = \frac{1{,}3151}{\log T_\sigma} \tag{2.23}$$

bei logarithmischer Normalverteilung. Ist lediglich die Streuspanne der Zeitfestigkeit in Lastwechselrichtung T_{N} bekannt, kann eine Umrechnung über den Exponenten k der Wöhlerlinie erfolgen:

$$T_\sigma = (T_{\mathrm{N}})^{\frac{1}{k}}. \tag{2.24}$$

Bei der Ermittlung des Spannungsintegrals gibt κ den Einfluss unterschiedlich hoher Spannungen auf das Gesamtintegral an. Für große κ dominieren die hochbeanspruchten Bereiche den Wert des Integrals, während mit fallendem κ der Einfluss niedriger beanspruchter Bereiche zunimmt.

2.4 Stützzifferkonzepte basierend auf dem Spannungsgradienten

Das verbreitetste Modell zur Beschreibung der Stützwirkung und des Größeneinflusses geht auf SIEBEL [39] zurück. Als phänomenologischer Parameter zur Charakterisierung einer Kerbe wird der bezogene Spannungsgradient an der höchstbeanspruchten Stelle χ' verwendet. Dieser ist auf die maximale Spannung bezogen und damit ein von der Beanspruchungshöhe unabhängiger, rein geometrischer Parameter. Er wird mit

$$\chi' = \frac{1}{\sigma_{\mathrm{V}}} \frac{d\sigma_{\mathrm{V}}}{dx}\bigg|_{x=0} \tag{2.25}$$

aus dem elastizitätstheoretischen Kerbspannungsverlauf einer geeigneten Vergleichsspannung σ_{V} berechnet (Abb. 2.2). Die Koordinate x verläuft normal zur Kerbgrundoberfläche und stimmt damit i. A. mit der Richtung des maximalen Spannungsgefälles überein. Bei der Koordinatendefinition gemäß Abb. 2.2 ergibt sich aufgrund der abnehmenden Kerbspannung ein negativer Spannungsgradient. Er wird jedoch in sämtlichen dem Autor bekannten Publikationen als positiv angegeben, da allein sein Betrag von Interesse ist. Diese Konvention wird auch in dieser Arbeit beibehalten. Die Berechnung des Spannungsgradienten muss in den meisten Fällen numerisch erfolgen. Für einfache Kerbformen sind elastizitätstheoretische Lösungen vorhanden (z. B. in [7, 25]). Eine neuere Arbeit mit vielen Abschätzformeln für χ' stammt von FILIPPINI [40]. Für die Abhängigkeit der spannungsmechanischen Stützziffer vom Werkstoff wurden anhand experimenteller Untersuchungen und grundlegender Überlegungen von verschiedenen Autoren Ansätze vorgeschlagen. Diese werden im Folgenden vorgestellt.

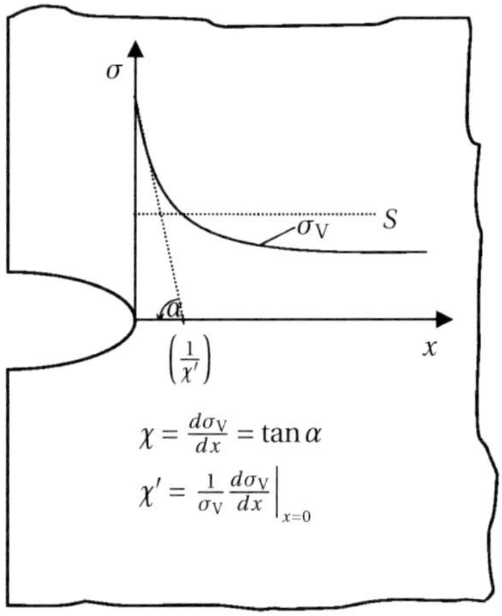

Abb. 2.2: Definition des bezogenen Spannungsgradienten χ'

2.4.1 Siebel und Stieler

Siebel und Stieler [41, 42] stellten die Ergebnisse einer Vielzahl eigener Ermüdungsversuche an unterschiedlich gekerbten und ungekerbten Proben verschiedener Werkstoffe über dem bezogenen Spannungsgradienten der ersten Hauptspannung dar. Es zeigte sich, dass innerhalb einer Werkstoffgruppe ein eindeutiger Zusammenhang zwischen Stützziffer und Spannungsgradient besteht (Abb. 2.3). Werkstoffseitig ist die Stützziffer $n_{\chi'}$ eine Funktion der sogenannten Gleitschichtdicke s_g, welche die Kerbempfindlichkeit des Materials kennzeichnet. Die Stützziffer berechnet sich bei mittelspannungsfreier Beanspruchung zu

$$n_{\chi'} = 1 + \sqrt{s_g \chi'}. \tag{2.26}$$

Die Gleitschichtdicke korreliert nach Siebel und Stieler mit der Kristallitgröße. Das wird anhand experimenteller Daten in [42] für einige Werkstoffe bestätigt. Allerdings ist das nicht für beliebige metallische Werkstoffe verallgemeinerbar und gilt z. B. für Gußlegierungen auf Nickelbasis nicht mehr [17]. Nach der TGL [5] kann die Gleitschichtdicke aus der 0,2%-Dehngrenze des Materials abgeschätzt werden:

$$\sqrt{s_g} = 10^{-\left(0{,}33 + \frac{R_{p0,2}}{712\,\mathrm{MPa}}\right)}. \tag{2.27}$$

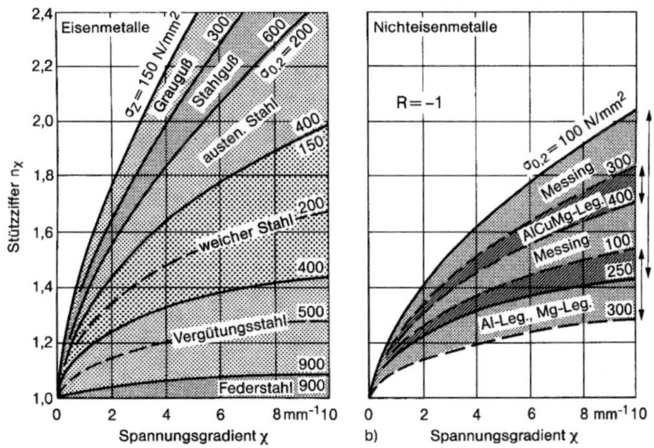

Abb. 2.3: Stützziffer für unterschiedliche Werkstoffe als Funktion des Spannungsgradienten nach SIEBEL und STIELER [41], zitiert aus [17]

2.4.2 KOGAEV und SERENSEN

Mit dem Konzept nach KOGAEV und SERENSEN [43] wird der spannungsmechanische zusammen mit dem statistischen Größeneinfluss[1] in Form eines Ähnlichkeitskriteriums formuliert. Demnach haben Bauteile unterschiedlicher Form, Größe und Beanspruchungsart die gleiche Bauteildauerfestigkeit σ_{DK}, wenn der Quotient aus wirksamer Länge L und bezogenem Spannungsgradienten χ' identisch ist. Die wirksame Länge L beschreibt dabei den Teil der Bauteiloberfläche, an dem sich infolge der Belastung die maximale Spannung einstellt. Sie stellt damit die Linie möglicher Anrissorte dar. Die Kerbwirkungszahl wird aus dem Verhältnis der Ähnlichkeitsgröße des zu bewertenden Bauteils L/χ' und der Werkstoffprobe, für welche die Werkstoffdauerfestigkeit bestimmt wurde, L_0/χ'_0 berechnet:

$$K_f = \frac{2 \cdot K_t}{1 + \left(\frac{L/\chi'}{L_0/\chi'_0}\right)^{-\nu}}. \tag{2.28}$$

Das die Kerbe umgebende Spannungsfeld wird näherungsweise durch die sich aus Belastung und Geometrie ergebenden Größen K_t, L, und χ' ausgedrückt. Der Einfluss des Werkstoffs

[1] Bereits bevor HECKEL und KÖHLER 1975 in [35] das Fehlstellenmodell von WEIBULL auf die Ermüdungsfestigkeit übertragen haben, wurde von KOGAEV und SERENSEN bereits 1962 ein ähnlicher Ansatz in [44] umgesetzt. Da die Originalarbeit und verschiedene Besprechungen darüber nur in russischer Sprache vorlagen, wurde die Arbeit erst 1981 durch eine deutschsprachige Veröffentlichung in der DDR [45] bekannt [46].

wird als Kerbempfindlichkeit in Form des Parameters v berücksichtigt. Er kann bei Normalbeanspruchung aus der Zugfestigkeit mit

$$v = 0{,}2 - 10^{-4} \cdot \frac{R_\mathrm{m}}{\mathrm{MPa}} \tag{2.29}$$

abgeschätzt werden und ist bei Schubbeanspruchung mit dem Faktor 1,5 zu multiplizieren. Durch Umformung von Gleichung (2.28) kann eine Stützziffer analog zu Gleichung (2.4) berechnet werden, welche wiederum die formzahlfreie Anwendung auf beliebige Kerbgeometrien in Kerbspannungen ermöglicht. Schwieriger ist die Bestimmung der wirksamen Länge L. Sie ist in der TGL [5] für einfache Kerbformen angegeben. Für komplexe Bauteile stößt das Verfahren hingegen an seine Grenzen, da die Linien möglicher Anrissorte nicht eindeutig bestimmbar sind.

Zudem kann bei Anwendung des Konzeptes als Ausgangskenngröße nicht die Zug-Druck Dauerfestigkeit des Werkstoffs verwendet werden. In diesem Fall würde der Vergleichswert L_0/χ'_0 wegen $\chi' = 0$ gegen unendlich gehen. In der TGL [5] wird die Bauteildauerfestigkeit auf Grundlage der Dauerfestigkeit einer ungekerbten Rundprobe des Standarddurchmessers $d_0 = 7{,}5$ mm berechnet. Bei Umlaufbiegung beträgt die wirksame Länge $L = \pi \cdot d_0$ und der bezogene Spannungsgradient $\chi' = 2/d_0$. Damit kann in Gleichung (2.28)

$$\frac{L_0}{d_0} = \frac{\pi \cdot d_0^2}{2} = 88{,}3\ \mathrm{mm}^2 \tag{2.30}$$

gesetzt werden.

2.4.3 Hück, Thrainer, Schütz

Zur Berechnung von synthetischen Wöhlerlinien wird in [47] ein Stützzifferkonzept unter Verwendung des bezogenen Spannungsgradienten vorgestellt, welches im Gegensatz zu anderen Spannungsgradientenmodellen unabhängig von der statischen Festigkeit der Werkstoffe ist. Eine Unterscheidung erfolgt lediglich in die drei verschiedenen Werkstoffgruppen Stahl, Stahlguss und Grauguss. Die Ableitung erfolgte anhand einer Wöhlerliniensammlung, die sich aus verschiedenen Literaturquellen zusammensetzt. Die Stützziffer ergibt sich für die verschiedenen Werkstoffgruppen zu

$$n_{\chi'} = 1 + 0{,}45 \cdot \chi'^{(0,30)} \quad (\text{Stahl, } 250 \le R_\mathrm{m} \le 1200\ \mathrm{MPa}) \tag{2.31}$$

$$n_{\chi'} = 1 + 0{,}33 \cdot \chi'^{(0,65)} \quad (\text{Stahlguss, } 250 \le R_\mathrm{m} \le 800\ \mathrm{MPa}) \tag{2.32}$$

$$n_{\chi'} = 1 + 0{,}43 \cdot \chi'^{(0,68)} \quad (\text{Grauguss, } 150 \le R_\mathrm{m} \le 350\ \mathrm{MPa}). \tag{2.33}$$

In [46] sind Ergebnisse aus Umlaufbiegeversuchen unterschiedlich stark gekerbter Proben aus dem Vergütungsstahl 30CrNiMo8 mit nach Gl. (2.31) berechneten Stützziffern gegenübergestellt worden. Dabei liegen die berechneten deutlich über den im Versuch ermittelten Stützziffern. Darin zeigt sich das Problem einer undifferenzierten Berechnung der Stützziffer innerhalb einer Werkstoffgruppe, ohne Einbezug der statischen Festigkeiten. In der FKM-Richtlinie werden diese in Form der Zugfestigkeit berücksichtigt. In Abb. 2.4 sind die Stützzifferdiagramme nach HÜCK, THRAINER, SCHÜTZ (HTS) und der FKM-Richtlinie abgebildet.

2.4.4 FKM-Richtlinie

Die Berechnung der Stützziffer $n_{\chi'}$ erfolgt in der FKM Richtlinie [2] (im Gegensatz zu Gl. (2.31) bis (2.33)) abhängig vom Spannungsgradienten und der statischen Werkstofffestigkeit. Ein weiterer Unterschied zu HTS besteht im für alle Werkstoffgruppen gleichen Exponenten der Berechnungsformel. Dieser ist wiederum vom bezogenen Spannungsgradienten abhängig und nimmt mit steigendem χ' ab, während er bei HTS unabhängig von χ' ist.

Für $\chi' \leq 0{,}1\ \mathrm{mm}^{-1}$ gilt:

$$n_{\chi'} = 1 + \chi' \cdot \mathrm{mm} \cdot 10^{-\left(a_G - 0{,}5 + \frac{R_\mathrm{m}}{b_G \cdot \mathrm{MPa}}\right)}, \tag{2.34}$$

für $0{,}1\ \mathrm{mm}^{-1} < \chi' \leq 1\ \mathrm{mm}^{-1}$ gilt:

$$n_{\chi'} = 1 + \sqrt{\chi' \cdot \mathrm{mm}} \cdot 10^{-\left(a_G + \frac{R_\mathrm{m}}{b_G \cdot \mathrm{MPa}}\right)} \tag{2.35}$$

und für $1\ \mathrm{mm}^{-1} < \chi' \leq 100\ \mathrm{mm}^{-1}$ gilt:

$$n_{\chi'} = 1 + \sqrt[4]{\chi' \cdot \mathrm{mm}} \cdot 10^{-\left(a_G + \frac{R_\mathrm{m}}{b_G \cdot \mathrm{MPa}}\right)}. \tag{2.36}$$

Die Konstanten a_G und b_G sind Werkstoffgruppenspezifisch und in Tab. 2.1 angegeben. Aus den Gleichungen (2.34) bis (2.36) ergeben sich die allgemeinen Zusammenhänge, dass die Stützziffern größer werden, wenn

- der bezogene Spannungsgradient ansteigt
- die Inhomogenität der Mikrostruktur der Werkstoffgruppen ansteigt
- die Zugfestigkeit innerhalb einer Werkstoffgruppe abnimmt.

Die steileren Anstiege im Stützzifferndiagramm für kleine Werte des bezogenen Spannungsgradienten sind mit größeren Stützziffern in diesem Bereich verbundenen. Dadurch lassen sich auch die Biegedauerfestigkeiten, welche lediglich auf das vorhandene Spannungsgefälle zurückzuführen sind, berechnen [48][2]. Diese wurden nach HTS als zu klein berechnet.

[2]Das Stützzifferdiagramm der FKM-Richtlinie unterscheidet sich von dem der TGL [5], aus der sie, wie in [48] dokumentiert, hervorgegangen ist. Es wurde allerdings bereits als IfL-Mitteilung 1988 publiziert [49] und war für die Weiterentwicklung der TGL vorgesehen.

Tab. 2.1: Konstanten a_G und b_G

	nichtrost. Stahl	anderer Stahl	GS	GGG	GT	GG	Aluknet.	Aluguss
a_G	0,40	0,50	0,25	0,05	-0,05	-0,05	0,05	-0,05
b_G	2400	2700	2000	3200	3200	3200	850	3200

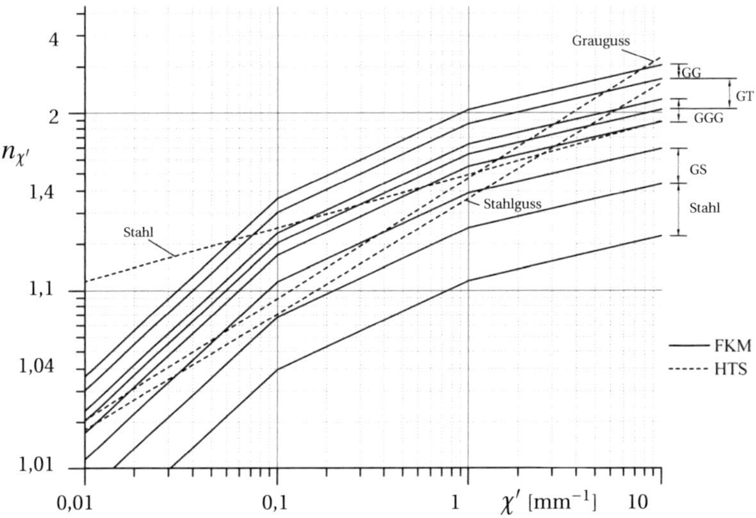

Abb. 2.4: Abhängigkeit der Stützziffer vom bezogenen Spannungsgradienten nach der FKM Richtlinie und Hück, Thrainer, Schütz (HTS)

2.4.5 FEMFAT-Methode

In der kommerziellen Betriebsfestigkeitssoftware FEMFAT ist das sog. Örtliche Spannungskonzept auf Gradientenbasis umgesetzt [50, 51]. Dabei wird im Anschluss einer linear-elastischen FE-Analyse an jedem Knoten eines FE-Modells lokale Bauteilwöhlerlinien auf Grundlage der relevanten Einflussfaktoren berechnet. Diese umfassen u. a. Beanspruchungsart, Kerbgeometrie, Mehrachsigkeit, Mittelspannung und Oberflächenbeschaffenheit. Die spannungsmechanische Stützziffer wird in Abhängigkeit des bezogenen Spannungsgradienten berechnet. Das verwendete Stützzifferkonzept geht auf Eichlseder [52, 53] zurück und stellt eine Weiterentwicklung des Verfahrens HTS (Abschnitt 2.4.3) dar. Darauf aufbauend wurde mit der Biegedauerfestigkeit $\sigma_{D,b}$ eine Werkstoffkenngröße mit einbezogen, welche den

Stützwirkungseffekt infolge inhomogener Spannungsfelder explizit beinhaltet. Die Stützziffer wird mit

$$n_{\chi'} = 1 + \left(\frac{\sigma_{\mathrm{D,b}}}{\sigma_{\mathrm{D}}} - 1\right) \cdot \left(\frac{\chi'}{\frac{2}{b}}\right)^{K_{\mathrm{D}}} \tag{2.37}$$

berechnet. Dabei entspricht der bezogene Spannungsgradient einer ungekerbten Biegeprobe der Dicke b genau $\chi' = 2/b$. Mit den Punkten ($\chi' = 0$; $n_{\chi'} = 1$) und ($\chi' = 2/b$; $n_{\chi'} = \sigma_{\mathrm{D,b}}/\sigma_{\mathrm{D}}$) sind somit zwei Stellen des Stützzifferdiagramms bekannt. Für den Parameter K_{D} der Potenzfunktion werden die Exponenten von HTS [47] verwendet und um neue Werkstoffgruppen erweitert (vgl. Tab. 2.2). Die unterschiedlichen Kerbempfindlichkeiten innerhalb einer Werkstoffgruppe gehen durch das jeweilige Verhältnis aus Zug-Druck- und Biegedauerfestigkeit in die Stützziffer ein. Für den Fall homogener Beanspruchung ist $\chi' = 0$ und die Stützziffer ist eins, während bei Biegebeanspruchung einer glatten Probe der Dicke b die Stützziffer exakt das Verhältnis aus Biege- und Zug-Druck-Dauerfestigkeit widergibt. Die berechnete Bauteildauerfestigkeit entspricht dann der Biegedauerfestigkeit. Diese Methode stellt somit einen zur FKM-Richtlinie alternativen Ansatz dar, um den Fehler in der Berechnung der Biegedauerfestigkeit bei HTS aus dem bezogenen Spannungsgradienten zu korrigieren. Da die verwendeten Exponenten mit denen von HTS identisch sind, bewirkt die FEMFAT-Methode lediglich das vertikale Verschieben der Kurve in Abb. 2.4 auf die Stützziffer der Biegedauerfestigkeit.

Tab. 2.2: Dauerfestigkeitsexponent K_{D} der FEMFAT-Methode aus [51]

WS-Gruppe	Stahl	GS	GGG	GTS	GGL
K_{D}	0,3	0,65	0,77	0,58	0,68

2.5 Volumetrische Ansätze

Einen alternativen Ansatz zur Übertragung von Festigkeitskennwerten stellt das Konzept des höchstbeanspruchten Werkstoffvolumens (Concept of Highly Stressed Volume) dar. Grundgedanke des Konzeptes ist es, dass mit steigender Kerbschärfe das ermüdungsbruchkritische Volumen abnimmt. Damit wird neben dem statistischen auch der spannungsmechanische Größeneinfluss erfasst. Im Gegensatz zum Fehlstellenmodell nach WEIBULL wird nicht das über ein bestimmtes Volumen gebildete Spannungsintegral, sondern das Volumen selbst als Vergleichsparameter herangezogen. Wie das Fehlstellenmodell tragen volumetrische Konzepte dem Umstand Rechnung, dass mit steigendem höchstbeanspruchten Volumen die Wahrscheinlichkeit anrissiniziierender Werkstofffehler steigt.

Ein erster volumetrischer Ansatz geht auf KUGUEL [54] zurück, der für die Übertragung von Schwingfestigkeitskennwerten von ungekerbten Proben auf Bauteile folgenden Zusammenhang annahm:

$$K_f = K_t \left(\frac{V_n}{V_s} \right)^a , \tag{2.38}$$

wobei V_n für das Volumen eines Bauteils, bzw. einer gekerbten Probe und V_s für das Volumen einer ungekerbten Probe stehen, in denen jeweils 95 % der maximalen Spannung überschritten werden. Für metallische Werkstoffe wurde ein Exponent $a = 0{,}034$ vorgeschlagen.

Im Gegensatz zu den Spannungsgradientenansätzen ist es mit den volumetrischen Ansätzen möglich den experimentell festgestellten Unterschied zwischen der Dauerfestigkeit bei Axialbiege- und Umlaufbiegebeanspruchung zu beschreiben. Dieser geht ausschließlich auf den statistischen Größeneinfluss zurück, da in beiden Fällen der bezogene Spannungsgradient identisch ist.

2.5.1 Konzept des höchstbeanspruchten Werkstoffvolumens

Das Konzept wurde von SONSINO aufgegriffen [55] und verschiedentlich verwendet (z. B. [56, 57, 58]), darunter auch für Sinter-Bauteile [59]. Im Gegensatz zu KUGUEL definiert SONSINO 90% der maximalen Spannung als Schwellwert mit dem „gute Erfahrungen" gemacht worden seien [55]. Für einfache Geometrien lässt sich das $V_{90\%}$-Volumen analytisch bestimmen. Bei komplexen Bauteilen muss es numerisch anhand der berechneten Spannungsverteilung ermittelt werden. Wird die Fließgrenze überschritten, ist die örtliche Spannung mit der NEUBER-Formel (Gl. (2.11)) oder ebenfalls numerisch zu berechnen. Im allgemeinen Fall mehrachsiger Beanspruchung ist für die ertragbaren Spannungen eine entsprechende Vergleichsspannungshypothese anzuwenden.

Das Konzept des höchst beanspruchten Werkstoffvolumens unterscheidet nicht zwischen statistischem und spannungsmechanischem Größeneinfluss. Es bietet die einfache Möglichkeit beide Effekte abzubilden ohne Spannungsintegrale auszuwerten, da der Spannungsverlauf innerhalb des höchstbeanspruchten Volumens unberücksichtigt bleibt.

Unter der Voraussetzung gleicher Fertigungs-, Oberflächen- und Randschichtzustände, einschließlich eventueller Eigenspannungszustände, können die ertragbaren Spannungsamplituden zweier Bauteile bzw. Proben in Abhängigkeit vom höchstbeanspruchten Werkstoffvolumen mit

$$\sigma_{\mathrm{Va},1} = \sigma_{\mathrm{Va},2} \cdot \left(\frac{V_{90\%,1}}{V_{90\%,2}} \right)^{-w} \tag{2.39}$$

beschrieben werden. Im Sinne einer Stützziffer, welche dem Quotienten aus der Bauteildauerfestigkeit und der Werkstoffdauerfestigkeit entspricht, wird aus Gl. (2.39)

$$n_{V_{90\%}} = \left(\frac{V_{90\%,\mathrm{Kerbe}}}{V_{90\%,\mathrm{Referenz}}} \right)^{-w}, \tag{2.40}$$

wobei $V_{90\%,\mathrm{Referenz}}$ dem $V_{90\%}$-Volumen der Werkstoffprobe zur Ermittlung der Dauerfestigkeit entspricht. Der Exponent w ist werkstoffabhängig, wird aber z. B. in [58] auch für Werkstoffgruppen angegeben. Zur Ermittlung des Exponenten w werden die Schwingfestigkeitskennwerte verschiedener Proben und Bauteile eines Werkstoffs über ihrem jeweiligen $V_{90\%}$-Volumen aufgetragen und regressiert. Dabei werden die Parameter Belastungsart und Formzahl eliminiert, so dass die Übertragung der Festigkeitswerte unabhängig davon ist. In Tab. 2.3 sind die Werte des Exponenten w für verschiedene Werkstoffe aus der Literatur angegeben. Dabei fällt auf, dass sich die Exponenten für Werkstoffe vergleichbarer statischer Festigkeit z. T. deutlich unterscheiden (z. B. St53-2 und S275). Eine Erklärung könnte die zu geringe Anzahl von verwendeten Versuchsergebnissen bei der Anpassung von w liefern. Analog zu den Spannungsgradientenansätzen könnte eine gemeinsame normierte Auswertung ganzer Werkstoffgruppen zu einem allgemeingültigeren Parameter w führen und streuungsbedingte Abweichungen ausgleichen.

Tab. 2.3: Exponenten w für den Zusammenhang zwischen höchstbeanspruchten Werkstoffvolumen und Festigkeitswerten

Werkstoff	Exponent w	Referenz
37Cr4V	0,05	[56]
Fe-1,5%Cu	0,0629	[55]
Ck45 (vergütet)	0,0607	[55]
AlMgSi1	0,048	[60]
100Cr6	0,029	[61]
St52-3	0,033	[62]
42CrMo4V	0,059	[63]
S275	0,089	[63]
AlMgSi1	0,075	[63]
ausferritische Gusseisensorten (ADI)	0,029...0,034	[58]

Bei der Übertragung von Schwingfestigkeitskennwerten ist zu beachten, dass ab einem bestimmten Grenzvolumen von ca. 30...60 mm^3 kein weiterer Abfall der Kennwerte zu beobachten ist. Da die maximal mögliche Fehlstellengröße in der Praxis begrenzt ist, entspricht das Grenzvolumen dem $V_{90\%}$-Volumen, bei dem eine maximale Fehlstelle mit ausreichend hoher Wahrscheinlichkeit auftritt [55].

2.5.2 Volumenkorrigiertes Spannungsgradientenmodell

Ein kombinierter Ansatz unter Verwendung des bezogenen Spannungsgradienten und des höchstbeanspruchten Volumens $V_{90\%}$ wird von FRÖSCHL [64] vorgeschlagen. Er erlaubt eine separate Betrachtung des spannungsmechanischen und des statistischen Größeneinflusses und stellt eine Weiterentwicklung der FEMFAT-Methode dar. Zur Berechnung der Stützziffer wird folgende Gleichung vorgeschlagen:

$$n = \left[1 + \left(\frac{\sigma_{D,b}}{\sigma_D} \cdot \underbrace{\left(\frac{V_{90\%,b}}{V_{90\%,zd}} \right)^a}_{(1)} - 1 \right) \cdot \left(\frac{\chi'}{\frac{2}{b}} \right)^{K_D} \right] \cdot \underbrace{\left(\frac{V_{90\%,zd}}{V_{90\%}} \right)^a}_{(2)}. \tag{2.41}$$

Mit einer entsprechenden Volumenkorrektur (1) wird zunächst in Gleichung (2.37) die Biegedauerfestigkeit auf ein der Zug-Druck-Dauerfestigkeit äquivalentes Volumen umgerechnet. Damit wird die Gleichung ausschließlich auf den spannungsmechanischen Größeneinfluss reduziert. Der statistische Größeneinfluss wird dann alleinig durch den Faktor (2) ausgedrückt. Dafür wurde ein Potenzansatz in Anlehnung an Gleichung (2.39) verwendet. Der werkstoffabhängige Parameter a ist dabei nicht identisch mit w des $V_{90\%}$-Konzeptes nach SONSINO. Zur Ableitung von w werden dort die Dauerfestigkeiten verschiedener Kerbformen über ihrem höchstbeanspruchten Volumen regressiert. Dadurch werden die Effekte des statistischen und spannungsmechanischen Größeneinflusses undifferenziert vermischt. Mit dem Exponent a soll ausschließlich der statistische Größeneinfluss erfasst werden. Er kann daher anhand ungekerbter Proben unterschiedlicher Größe regressiert werden oder aus den Dauerfestigkeiten bei Axialbiegung (b) und Umlaufbiegung (ub) ermittelt werden:

$$a = \log \left(\frac{\sigma_{D,b} \cdot V_{90\%,ub}}{\sigma_{D,ub} \cdot V_{90\%,b}} \right). \tag{2.42}$$

Bei identischer Probenform ist bei beiden Beanspruchungsarten der bezogene Spannungsgradient identisch und damit der Unterschied vollends auf den statistischen Größeneinfluss zurückzuführen. In [65] wurde das Verfahren im Vergleich zur ursprünglichen FEMFAT-Methode und dem $V_{90\%}$-Konzept anhand eines Datensatzes von Bauteildauerfestigkeiten verschiedener Stähle validiert. Dabei war die Treffsicherheit des korrigierten Spannungsgradientenmodells den anderen Konzepten überlegen. Dies wird allerdings mit einem weiteren ggf. anzupassenden Materialparameter erkauft.

2.6 Bruchmechanische Ansätze

Auch bei Beanspruchungen auf Höhe der Dauerfestigkeit kommt es zur Rissinitiierung. Sogenannte Mikrorisse gehen von mikrostrukturellen Defekten aus und kommen nach einer kurzen Wachstumsphase an einem mikrostrukturellen Hindernis wieder zum Stillstand [66]. Diese nicht fortschreitenden Risse führen nicht zum Versagen einer Struktur und die Beanspruchungen, die zu ihrer Bildung geführt haben, können daher dauerhaft ertragen werden. Demnach kann die Dauerfestigkeit auch als untere Beanspruchungsgrenze für die Bildung von wachstumsfähigen Rissen interpretiert werden. Dieser Grenzzustand wird neben der Dauerfestigkeit weiterhin noch vom Schwellwert für den zyklischen Rissfortschritt bzw. der maximalen Größe eines nicht fortschreitenden Risses - und somit von einem zusätzlichen Materialparameter - bestimmt. Die Dauerfestigkeit besitzt aus bruchmechanischer Betrachtungsweise folglich zwei Komponenten: den Festigkeitswert Dauerfestigkeit und die damit verbundene bruchmechanische Grenzbedingung als Schwellwert oder Risslänge [67].

Grundlage der bruchmechanischen Stützzifferkonzepte sind die unterschiedlich hohen Beanspruchungen, die die Grenze für das zyklische Risswachstum darstellen. Bei gleicher Maximalbeanspruchung (berechnet ohne Riss) sind die Rissbeanspruchungen in Kerben bzw. inhomogenen Spannungsfeldern kleiner als an ungekerbten Proben, bzw. homogenen Spannungsfeldern [17].

2.6.1 Einige Grundgleichungen der linear-elastischen Bruchmechanik

Aus makroskopischer, kontinuumsmechanischer Betrachtung sind Risse lokale Trennungen des Materials in einem Bauteil. Die an einem Riss gegenüberliegenden Oberflächen werden als Rissoberflächen bezeichnet. Sie treffen bei räumlicher Ausdehnung in der Rissfront bzw. bei ebenen Risskonfigurationen in der Rissspitze aufeinander. Im Bezug auf die Verschiebung der Rissoberflächen zueinander werden drei verschiedene Rissöffnungsarten unterschieden (Abb. 2.5). Dabei kommt dem Modus I die größte praktische Bedeutung zu, weil der Widerstand eines Werkstoffes gegenüber dieser Beanspruchungsart im Allgemeinen geringer ist als gegenüber Modus II oder Modus III [7]. Das überlagerte Auftreten mehrere Rissöffnungsarten wird als mixed-mode-Beanspruchung bezeichnet.

In der linear-elastischen Bruchmechanik wird die Beanspruchung des rissbehafteten Körpers mit der linearen Elastizitätstheorie beschrieben. Voraussetzung dafür ist, dass die plastischen Vorgänge um die Prozesszone, in der der eigentliche Prozess der Materialtrennung stattfindet, auf sehr kleine Regionen im Vergleich zur Rissgröße und den Bauteilabmessungen beschränkt sind (Kleinbereichsfließen) und somit vom umgebenden elastischen Feld bestimmt werden [68].

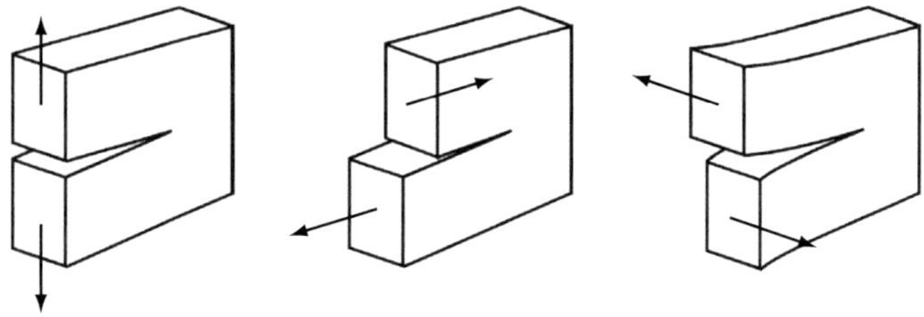

Abb. 2.5: Rissöffnungsarten nach Modus I, II und III

Für die weiteren Gleichungen wird vorerst nur auf den Beanspruchungsmodus I und ebene Risskonfigurationen eingegangen. Das Gebiet um die Rissspitze wird durch die Polarkoordinaten r und φ beschrieben (Abb. 2.6). Das Spannungsfeld in unmittelbarer Rissspitzenumgebung kann mit dem Spannungsintensitätsfaktor K_I nach folgenden Näherungsbeziehungen beschrieben werden [68]:

$$\sigma_x = \frac{K_\mathrm{I}}{\sqrt{2\pi r}} \cdot \cos\left(\frac{\varphi}{2}\right) \cdot \left(1 - \sin\left(\frac{\varphi}{2}\right) \cdot \sin\left(\frac{3\varphi}{2}\right)\right) \quad (2.43)$$

$$\sigma_y = \frac{K_\mathrm{I}}{\sqrt{2\pi r}} \cdot \cos\left(\frac{\varphi}{2}\right) \cdot \left(1 + \sin\left(\frac{\varphi}{2}\right) \cdot \sin\left(\frac{3\varphi}{2}\right)\right) \quad (2.44)$$

$$\tau_{xy} = \frac{K_\mathrm{I}}{\sqrt{2\pi r}} \cdot \sin\left(\frac{\varphi}{2}\right) \cdot \cos\left(\frac{\varphi}{2}\right) \cdot \cos\left(\frac{3\varphi}{2}\right). \quad (2.45)$$

Bei $r \to 0$ gehen die Spannungen elastizitätstheoretisch gegen unendlich. Sie haben an der Rissspitze eine Singularität vom Typ $1/\sqrt{r}$. Die Stärke des Rissspitzenfeldes wird durch den Spannungsintensitätsfaktor bestimmt [68]. Er kann z. B. aus Gl. (2.44) bestimmt werden, wenn das Spannungsfeld bekannt ist:

$$K_\mathrm{I} = \lim_{r \to 0} \sqrt{2\pi \cdot r} \cdot \sigma_y \left(\varphi = 0\right). \quad (2.46)$$

Entsprechend lässt sich K_I auch bei bekanntem Verschiebungsfeld bestimmen. Für den einfachsten Fall eines ebenen geraden Risses der Länge $2a$ in einer unendlichen Scheibe unter der Zugbeanspruchung σ normal zum Riss (Griffith-Riss) entspricht der Spannungsintensitätsfaktor

$$K_\mathrm{I} = \sigma\sqrt{\pi a}. \quad (2.47)$$

Unterschiede im Spannungsintensitätsfaktor, die sich aufgrund einer davon abweichenden Rissgeometrie oder Beanspruchung ergeben, werden in Form einer Geometriefunktion Y berücksichtigt:

$$K_\mathrm{I} = \sigma\sqrt{\pi a} \cdot Y. \quad (2.48)$$

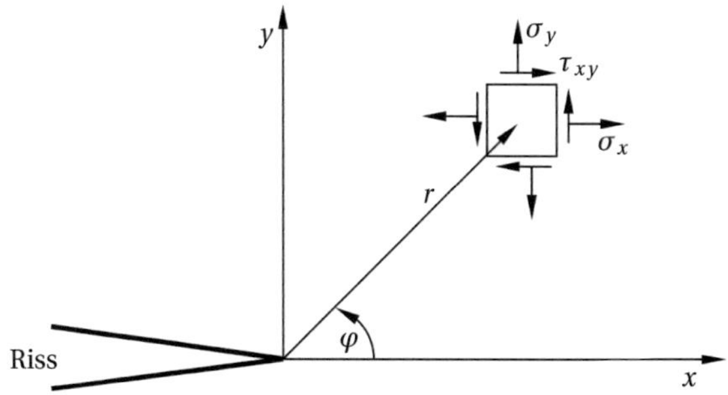

Abb. 2.6: Koordinatensysteme im Bereich der Rissspitze

So gilt beispielsweise für einen Außenriss in einer halbunendlichen Scheibe unter konstanter Zugbeanspruchung $Y = 1{,}1215$. Im allgemeinen Fall endlicher Körperabmessungen ist Y von der Bauteilgeometrie, der Art der Belastung sowie der Risslänge selbst abhängig. Mit der Geometriefunktion werden die Spannungsintensitätsfaktoren in beliebigen Risskonfigurationen auf den Grundfall des Griffith-Risses normiert.

Im Allgemeinen haben Risse dreidimensionalen Charakter. Das ist z. B. der Fall für flächenhafte Risse in räumlichen Strukturen. In diesen räumlichen Risskonfigurationen ist die Rissfront meist gekrümmt. Auch ein durchgehender Riss durch eine Scheibe mit gerader Rissfront ist ein räumliches Problem. Der Spannungszustand ändert sich von außen nach innen vom ebenen Spannungszustand zum ebenen Verzerrungszustand. Es kann gezeigt werden, dass das Rissspitzenfeld auch im dreidimensionalen Fall lokal vom gleichen Typ ist, wie bei ebenen Problemen. Es setzt sich im allgemeinen Fall aus den Nahfeldern der drei Modi zusammen. Die Spannungen in einem Koordinatensystem, welches auf einem beliebigen Punkt der Rissfront normal zur Rissfront liegt, betragen für $r \to 0$:

$$\sigma_{ij} = \frac{1}{\sqrt{2\pi \cdot r}} \left(K_{\mathrm{I}} \widetilde{\sigma}_{ij}^{\mathrm{I}}(\varphi) + K_{\mathrm{II}} \widetilde{\sigma}_{ij}^{\mathrm{II}}(\varphi) + K_{\mathrm{III}} \widetilde{\sigma}_{ij}^{\mathrm{III}}(\varphi) \right). \tag{2.49}$$

Dabei sind $\widetilde{\sigma}$ die winkelabhängigen Geometriefunktionen des jeweiligen Modus, die für Modus I durch Gl. (2.43) bis Gl. (2.45) festgelegt sind und sich analog auch für die Modi II und III ergeben [68]. Damit liegt eine Spannungsintensitätsfaktorverteilung entlang der Rissfront vor. Die Formfunktion Y, welche alle von Gl. (2.47) abweichenden Terme beinhaltet, ist in diesem Fall auch noch vom jeweiligen Ort entlang der Rissform abhängig. Für eine fundiertere Beschreibung sei auf weiterführende Fachliteratur z. B. [68, 69, 70] verwiesen.

Die Energiefreisetzungsrate $\mathcal{G}$ entspricht der bei infinitissimalem Rissfortschritt $\mathrm{d}A$ freigesetzter Gesamtenergie $\mathrm{d}\Pi$:

$$\mathcal{G} = -\frac{\mathrm{d}\Pi}{\mathrm{d}A}. \tag{2.50}$$

Sie lässt sich aus der Energiebilanz herleiten und bedeutet, dass die Änderung der potentiellen Energie des Systems aus Körper und Belastung der Arbeit entspricht, welche zum Rissfortschritt erforderlich ist. Im Rahmen der linear-elastischen Bruchmechanik besteht ein direkter Zusammenhang zwischen der Energiefreisetzungsrate und den Spannungsintensitätsfaktoren:

$$\mathcal{G} = \frac{1}{E'}\left(K_\mathrm{I}^2 + K_\mathrm{II}^2\right) + \frac{1}{2G}K_\mathrm{III}^2 \tag{2.51}$$

mit $E' = \frac{E}{1-\nu^2}$ für den ebenen Verzerrungszustand und $E' = E$ für den ebenen Spannungszustand. Somit kann bei Vorliegen einer Beanspruchung mit nur einem von null verschiedenen K dieser Spannungsintensitätsfaktor direkt aus $\mathcal{G}$ berechnet werden. Auf den Fall gemischter Beanspruchung wird in Abschnitt 3.2.1 eingegangen.

Von RICE [71] wurde das J-Integral zur Berechnung der Energiefreisetzungsrate $\mathcal{G}$ eingeführt. Bei ebenen Problemen entspricht es einem Konturintegral längs einer geschlossenen Kurve Γ um die Rissspitze (Abb. 2.7):

$$J = \oint_\Gamma \left(U^*\,\mathrm{d}y - \vec{t}\,\frac{\partial \vec{u}}{\partial x}\,\mathrm{d}s\right). \tag{2.52}$$

In Gl. (2.52) steht $\mathrm{d}s$ für eine differentielle Strecke auf Γ, $\vec{u}$ für den Verschiebungsvektor normal auf Γ und U^* für die spezifische Verzerrungsenergie:

$$U^* = \int_0^{\varepsilon_{ij}} \sigma_{ij}\,\mathrm{d}\varepsilon_{ij}. \tag{2.53}$$

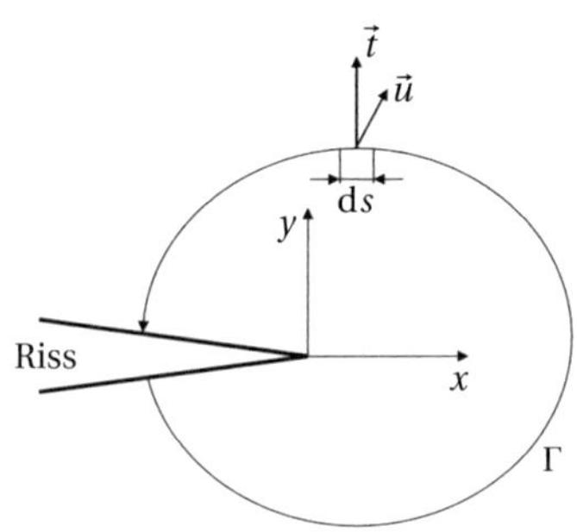

Abb. 2.7: Zur Berechnung des J-Integrals

RICE zeigte außerdem, dass J vom Integrationsweg unabhängig ist. Das Materialverhalten kann dabei beliebig nichtlinear-elastisch und anisotrop sein. Im Anwendungsbereich der linear-elastischen Bruchmechanik besteht folgender Zusammenhang:

$$\mathcal{G} = J \tag{2.54}$$

Mit dem Spannungsintensitätsfaktor steht eine Beanspruchungsgröße zur Verfügung, die mit einer ebenfalls als Spannungsintensitätsfaktor beschriebenen materialspezifischen kritischen Größe verglichen werden kann. So kommt es unter statischer Last zu keinem Rissfortschritt, wenn die Bruchzähigkeit K_{Ic} nicht erreicht ist. Analog dazu gibt es eine materialtypische Beanspruchung unterhalb der bei zyklischer Belastung kein Rissfortschritt mehr stattfindet. Auf diesen Schwellwert des Rissfortschritts wird in Abschnitt 2.6.2 eingegangen.

Damit ist die Bestimmung der Spannungsintensitätsfaktoren der entscheidende Punkt zur Bewertung von Rissen in Bauteilen. Für einfache Geometrien können diese analytisch bestimmt werden. Dies ist für einfache Randwertaufgaben in geschlossener Form möglich. Diesbezüglich sind in [72] und [73] eine Vielzahl an Lösungen zusammengestellt. Für Spannungsintensitätsfaktoren von Rissen in Kerben existieren nur wenige Lösungen. Auf NEUBER [20] geht z. B. folgende Formel für einen Riss der Länge a in einer halbelliptischen Randkerbe (Kerbtiefe $\overline{a}$) in einer mit der Nennspannung S zugbeanspruchten Halbscheibe zurück:

$$K_{\mathrm{I}} = 1{,}1215 \cdot S\sqrt{\pi a}\left(1 + \left((K_{\mathrm{t}} - 1)^{-2{,}5} + \left(\sqrt{\frac{\overline{a} + a}{a}} - 1\right)^{-2{,}5}\right)^{-0{,}4}\right). \tag{2.55}$$

Sie stellt die Näherungslösung der exakten Lösung in Form einer Reihenentwicklung dar. Für komplexere Probleme ist man auf numerische Methoden, wie Finite-Elemente-Methoden, Randelementverfahren oder Differenzenverfahren angewiesen.

2.6.2 Ermüdungsrisswachstum

2.6.2.1 Makrorisswachstum bei zyklischer Belastung

Unter zeitlich veränderlichen Lasten kommt es bereits unterhalb der Bruchzähigkeit zum Risswachstum. Dieser Vorgang wird als Ermüdungsrisswachstum bezeichnet. Der Rissfortschritt bei zyklischer Belastung mit konstanter Amplitude wird in drei verschiedene phänomenologische Phasen eingeteilt (vgl. Abb. 2.8). Der jeweilige Anteil der Risswachstumsphasen an der Gesamtlebensdauer ist vom Werkstoff, der Bauteilgeometrie und der Belastungshöhe abhängig. Während der Phase I kommt es zur Bildung von Mikrorissen. Dieser Vorgang wird in hohem Maße von der Mikrostruktur des Werkstoffs und dem Beanspruchungsverhältnis bestimmt. Auf die formale Definition von Mikrorissen und deren besonderes Verhalten im Vergleich zu Makrorissen wird in Abschnitt 2.6.2.2 gesondert eingegangen. Mit zunehmender Risslänge nimmt der Einfluss der Mikrostruktur auf die Rissbeanspruchung und damit das Risswachstumsverhalten ab. Wird schließlich die Beanspruchung des Risses maßgeblich vom elastischen Spannungsfeld beeinflusst, kann er mittels linear-elastischer Bruchmechanik beschrieben werden. Dies markiert die Grenze vom Mikro- zum Makrorissverhalten.

Als Beanspruchungsparameter für Makrorisse bei zyklischer Belastung wird der zyklische Spannungsintensitätsfaktor ΔK_I als die Schwingbreite zwischen Minimum und Maximum des Spannungsintensitätsfaktors während eines Lastzyklus definiert:

$$\begin{aligned}\Delta K_\mathrm{I} = K_\mathrm{I,max} - K_\mathrm{I,min} &= (\sigma_\mathrm{max} - \sigma_\mathrm{min}) \cdot \sqrt{\pi a} \cdot Y \\ &= \Delta\sigma \cdot \sqrt{\pi a} \cdot Y \\ &= 2 \cdot \sigma_\mathrm{a} \cdot \sqrt{\pi a} \cdot Y. \end{aligned} \tag{2.56}$$

Unter Annahme elastischen Bauteilverhaltens ist das Beanspruchungsverhältnis mit

$$R = \frac{\sigma_\mathrm{min}}{\sigma_\mathrm{max}} = \frac{K_\mathrm{I,min}}{K_\mathrm{I,max}} \tag{2.57}$$

definiert. Der zyklische Spannungsintensitätsfaktor ist die bestimmende Größe zur Berechnung des Ermüdungsrisswachstums. Der Schwellwert des zyklischen Rissfortschritts $\Delta K_\mathrm{I,th}$ stellt die Grenzbeanspruchung dar, unterhalb der es nicht zum (Makro-)risswachstum kommen kann. Damit lässt sich $\Delta K_\mathrm{I,th}$ als bruchmechanische Dauerfestigkeit vergleichbar mit σ_D interpretieren.

In Phase II des Rissfortschritts kommt es bei Beanspruchungen $\Delta K_\mathrm{I} > \Delta K_\mathrm{I,th}$ zum stabilen Risswachstum eines Makrorisses. Der Zusammenhang zwischen der Rissfortschrittsrate, definiert als Risslängenänderung während eines Lastzyklus, und dem zyklischen Spannungsintensitätsfaktor kann nach PARIS [74] mit einem Potenzansatz der Form

$$\frac{\mathrm{d}a}{\mathrm{d}N} = C \cdot (\Delta K_\mathrm{I})^m \tag{2.58}$$

approximiert werden. Von der ursprünglichen Form der Gleichung (2.58) existieren zahlreiche Varianten, die auch die asymptotischen Verläufe in den Phasen I und III mit beschreiben (ausführlich z. B. in [69]). Die Phase III markiert das Ende des stabilen zyklischen Risswachstums und den Übergang zum Restbruch bei Erreichen des kritischen Spannungsintensitätsfaktors ΔK_Ic.

2.6.2.2 Mikrorissverhalten

Das Mikrorisswachstum erstreckt sich generell auf jeglichen Rissfortschritt unterhalb des Schwellwertes des zyklischen Spannungsintensitätsfaktors $\Delta K_{\mathrm{I,th}}$ [17]. Die Einteilung von Mikrorissen erfolgt nach SURESH [76] entsprechend der hauptsächlichen Ursachen des gegenüber Makrorissen abweichenden Wachstumsverhaltens in

- mikrostrukturell kurze Risse
- mechanisch kurze Risse.
- physikalisch kurze Risse.

Mikrostrukturell kurze Risse haben Risslängen in Größenordnung der charakteristischen Abmessung der Mikrostruktur. Daher werden sie durch die Mikrostruktur maßgeblich beeinflusst. Mit mechanisch kurzen Rissen werden Risse in der Größenordnung der plastischen Zone bezeichnet, für die das Kleinbereichsfließen als Grundannahme der linear-elastischen Bruchmechanik nicht erfüllt ist. Dadurch werden die plastischen Verformungen nicht durch das elastische Rissspitzennahfeld dominiert. Bei physikalisch kurzen Rissen tritt noch kein Rissschließen auf [75]. Weiterhin werden als physikalisch kurz solche Risse bezeichnet, deren Risslängen unterhalb von ca. 1 mm liegen und sie somit nicht mehr mit zerstörungsfreien Prüfverfahren detektierbar sind [76, 77].

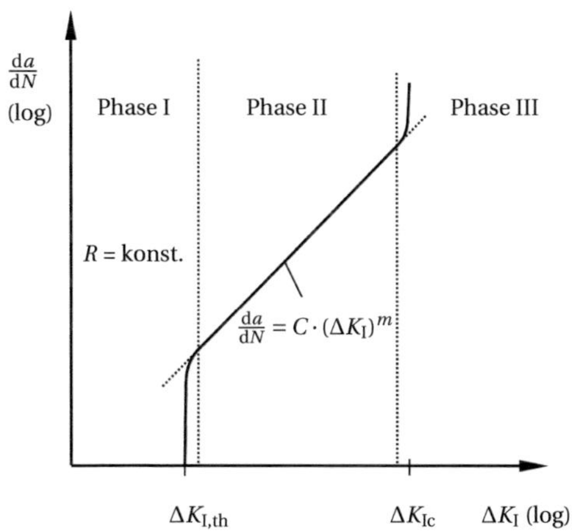

Abb. 2.8: Rissfortschrittsrate von Makrorissen als Funktion des zyklischen Spannungsintensitätsfaktors (schematische Darstellung)

Das Verhalten von Mikrorissen wird häufig als *anormal* im Vergleich zu Makrorissen bezeichnet, da sie schneller und bei niedrigeren Belastungen wachsen als Makrorisse [78, 79]. Sie können daher auch dann wachsen, wenn die Beanspruchung unterhalb des Schwellwertes für Makrorisse liegt. Mikrorisse bilden sich bereits in Größenordnungen unterhalb der Kristallgrenze des jeweiligen Werkstoffs. Während in Einkristallen die Initiierungsphase für Mikrorisse viele Lastwechsel umfassen kann, bilden sie sich in Werkstoffen inhomogener Mikrostruktur bereits deutlich schneller [66]. Bei porösen Werkstoffen wie Sintermetallen kann die Dauer der Rissinitiierungsphase vernachlässigt werden [80]. Die Annahme eines homogenen Werkstoffs, auf der die kontinuumsmechanisch begründete Bruchmechanik aufbaut, ist in diesen Größenordnungen nicht mehr gegeben. Hier treten Mikrostruktureffekte (Korngrenzen, Gefügeeinschlüsse, Poren, etc.) in den Vordergrund. Sie können das Risswachstum beschleunigen oder auch behindern. Das Mikrorisswachstum verzögert sich bei Annäherung an mikrostrukturelle Hindernisse und kann an diesen stehen bleiben. Auf das Wachstum bereits vorhandener Makrorisse haben diese Hindernisse keinen Einfluss. Das Makrorissverhalten wird hauptsächlich durch das den Riss umgebende Beanspruchungsfeld und nicht durch die Mikrostruktur bestimmt. Die Abgrenzung zwischen beiden Rissarten ist demnach mikrostrukturell begründet. Dieser Sachverhalt ist in Abb. 2.9 ersichtlich. Dabei markiert die Risslänge a_0 den Übergang vom Mikro- zum Makroriss und kann als charakteristische mikrostrukturelle Größe angesehen werden. Bei zyklischen Beanspruchungen unterhalb der Dauerfestigkeit können zwar Mikrorisse gebildet werden und auf eine gewisse

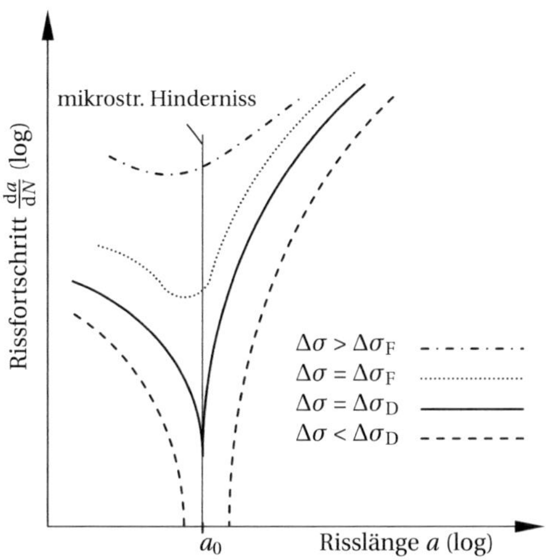

Abb. 2.9: Rissfortschrittsrate von Mikro- und Makrorissen bei zyklischer Beanspruchung, nach [81] zitiert in [17]

Größe anwachsen, allerdings bleiben diese an mikrostrukturellen Hindernissen stehen. Die Dauerfestigkeit stellt die Beanspruchungsgrenze für das Anwachsen von Mikrorissen zu einem fortschreitungsfähigen Makroriss dar. Liegt die zyklische Beanspruchung oberhalb der Dauerfestigkeit, wird das Mikrorisswachstum lediglich an mikrostrukturellen Hindernissen verzögert, bevor es in stabiles Makrorisswachstum übergeht.

Die Risslänge a_0 ist ein materialcharakteristischer Parameter. Sie entspricht nach EL HADDAD, SMITH und TOPPER [82] der halben Länge eines Griffith-Risses, bei dem es unter Beanspruchung in Höhe der Dauerfestigkeit nicht zum Risswachstum kommt:

$$a_0 = \frac{1}{\pi}\left(\frac{\Delta K_{\text{th}}}{\Delta\sigma_{\text{D}}}\right)^2. \tag{2.59}$$

Weiterhin ist a_0 von dem Spannungsverhältnis abhängig, unter welchem $\Delta K_{\text{I,th}}$ und σ_{D} ermittelt wurden. In Abb. 2.10 ist die Bedeutung von a_0 ersichtlich. Diese Darstellung geht auf KITAGAWA und TAKAHASHI zurück [83]. Es wird der Einfluss der Risslänge auf die Grenzbeanspruchung $\Delta\sigma_{\text{th}}$ an einem Griffith-Riss der Länge $2a$ dargestellt, für die sich gerade der Schwellwert des Rissfortschritts einstellt. Für Makrorisse im Gültigkeitsbereich der linearelastischen Bruchmechanik kann $\Delta\sigma_{\text{th}}$ aus Gl. (2.56) mit $\Delta K_{\text{I}} = \Delta K_{\text{I,th}}$ berechnet werden. Damit die ertragbare Spannung für $a \to 0$ nicht gegen unendlich geht, schlagen EL HADDAD et al. eine Risslängenkorrektur mit a_0 vor. Dieser modifizierte zyklische Spannungsintensitätsfaktor wird dann mit der effektiven Risslänge $a + a_0$ zu

$$\Delta K = \Delta\sigma\sqrt{\pi\,(a + a_0)} \tag{2.60}$$

berechnet. Der Abfall der dauerfest ertragbaren Spannung mit steigender Risslänge kann damit durch

$$\Delta\sigma_{\text{th}} = \Delta\sigma_{\text{D}}\sqrt{\frac{a_0}{a + a_0}} \tag{2.61}$$

angegeben werden. Geht die Risslänge a gegen null, konvergiert die Grenzbeanspruchung $\Delta\sigma_{\text{th}}$ gegen den Wert für eine unangerissene glatte Probe, bzw. die Werkstoffdauerfestigkeit $\Delta\sigma_{\text{D}}$. Damit wird die Risslängenabhängigkeit der Dauerfestigkeit für Mikrorisse aufgehoben. Die Dauerfestigkeit kann daher auch als Grenzwert für das weitere Anwachsen von Mikrorissen betrachtet werden [67]. Die mit Gl. (2.61) beschriebene Kurve entspricht dem prinzipiellen Verlauf experimenteller Ergebnisse [84]. Unterhalb dieser Grenzkurve liegt der Bereich nichtfortschreitungsfähiger Mikrorisse. Beanspruchungen oberhalb dieses Bereiches werden nicht dauerfest ertragen und führen nach einer endlichen Schwingspielzahl zum Bruch. Die Risslänge a_0 entspricht genau dem Schnittpunkt der beiden Asymptoten der Grenzkurve und damit dem Übergang von der risslängenunabhängigen Dauerfestigkeit zum mittels LEBM beschreibbaren Makrorissverhalten. Gleichzeitig markiert a_0 die Trennung zwischen dem klassischen Festigkeitskonzept der Dauerfestigkeit und dem Bruchmechanikkonzept zur Bewertung (makro-)rissbehafteter Bauteile.

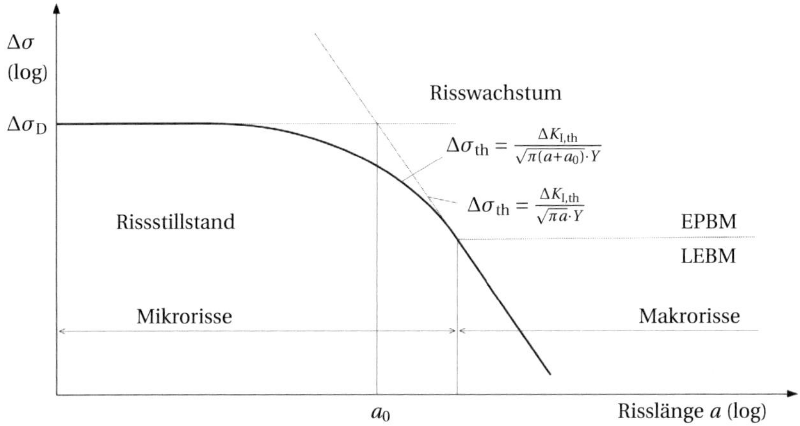

Abb. 2.10: Kitagawa-Diagramm (schematische Darstellung)

2.6.3 Berechnung der Dauerfestigkeit gekerbter Strukturen

Die vorangegangenen Betrachtungen lassen sich verwenden, um die Dauerfestigkeit gekerbter Strukturen zu berechnen. Wenn die Risslänge a eines Risses im Kerbgrund gegen null geht, ist die Beanspruchung in der Kerbe dauerhaft ertragbar, wenn

$$\Delta K_{\mathrm{I,K}} \leq \Delta K_{\mathrm{I,th}} \tag{2.62}$$

$$\Delta\sigma_{\mathrm{DK}}\sqrt{\pi a_0}\cdot Y_{\mathrm{K}}(a_0) \leq \Delta\sigma_{\mathrm{D}}\sqrt{\pi a_0}\cdot Y_0 \tag{2.63}$$

gilt. Dabei ist Y_{K} die Geometriefunktion für den Riss der Länge a_0 in der Kerbe und Y_0 für die Werkstoffprobe. Die Stützwirkung gekerbter Strukturen lässt sich danach bruchmechanisch begründen. Die bruchmechanische Stützziffer entspricht dann analog Gleichung (2.1) dem Verhältnis der Geometriefunktionen aus Gl. (2.63):

$$n_{\mathrm{bm}} = \frac{\Delta\sigma_{\mathrm{DK}}}{\Delta\sigma_{\mathrm{D}}} = \frac{Y_0}{Y_{\mathrm{K}}}. \tag{2.64}$$

Die vorangegangenen Betrachtungen wurden bereits 1979 von El Haddad et al. [82] angegeben. Sie beziehen sich allerdings auf einen Innenriss in einer unendlichen Scheibe mit $Y_0 = 1$ als Referenzkonfiguration für die Werkstoffdauerfestigkeit. Kerben als Initiationsorte für Anrisse liegen jedoch an der Bauteiloberfläche. Lässt man den Kerbradius gegen unendlich, bzw. die Kerbtiefe gegen null gehen, verbleibt der Geometriefaktor für den Außenriss einer geraden Scheibe unter Zugbeanspruchung:

$$\Delta\sigma_{\mathrm{DK}}(\rho\to\infty) = \frac{\Delta\sigma_{\mathrm{D}}}{1{,}1215} \neq \Delta\sigma_{\mathrm{D}}. \tag{2.65}$$

Die Dauerfestigkeit gekerbter Strukturen konvergiert bei verschwindender Kerbe demnach nicht gegen die Werkstoffdauerfestigkeit. Um diese Inkonsistenz zu beheben, wird daher bei der Bestimmung des werkstoffabhängigen Längenparameters (Gl. (2.59)) die entsprechende Geometriefunktion Y_0 für die Probe eingesetzt, an der die Dauerfestigkeit bestimmt wurde:

$$a_0 = \frac{1}{\pi} \cdot \left(\frac{\Delta K_{\text{I,th}}}{\Delta\sigma_{\text{D}} \cdot Y_0} \right)^2. \tag{2.66}$$

Damit ist a_0 prinzipiell neben dem Material und dem Beanspruchungszustand auch noch von der Werkstoffprobengeometrie abhängig.

2.6.4 Konzepte zur Berechnung der bruchmechanischen Stützziffer

Konzepte zur Berechnung der bruchmechanischen Stützziffer beruhen sämtlich auf dem Werkstoffparameter a_0 und der Anwendung von Gleichung (2.64). Eine (Näherungs-)Lösung für den Spannungsintensitätsfaktor in der Kerbe einer Referenzgeometrie wird in das Verhältnis zum Schwellwert gesetzt. Dabei sind dem Autor ausschließlich Beispiele bekannt, die an 2D-Scheibenlösungen hergeleitet wurden. Beliebige Kerbgeometrien werden dann auf eine äquivalente Kerbe in Form des Ableitungsbeispiels umgerechnet, in der z. B. Kerbradius, Formzahl und Kerbtiefe übereinstimmen um damit die Stützziffer zu berechnen. Beispielhaft werden im Folgenden einige Beispiele aus der Literatur genannt.

2.6.4.1 Lukáš und Klesnil

Lukáš et al. [85] leiten ihre Überlegungen am Referenzbeispiel einer einachsig zugbeanspruchten Scheibe mit und ohne elliptischer Außenkerbe her (Abb. 2.11). Die Geometriefunktion für einen Riss in der ungekerbten Probe ist risslängenunabhängig $Y = 1{,}1215$. Damit kann der Spannungsintensitätsfaktor nach Gl. (2.48) bestimmt werden. Die kritische Risslänge ist für diesen Fall

$$a_0 = \frac{1}{\pi} \cdot \left(\frac{\Delta K_{\text{I,th}}}{\Delta\sigma_{\text{D}} \cdot 1{,}1215} \right)^2. \tag{2.67}$$

Für den Riss im Kerbgrund wird eine Näherungslösung für den Spannungsintensitätsfaktor hergeleitet [86]:

$$\Delta K_{\text{I,K}} = \frac{1{,}1215 \cdot K_{\text{t}} \cdot \Delta S \cdot \sqrt{\pi a}}{\sqrt{1 + 4{,}5 \cdot \frac{a}{\rho}}}. \tag{2.68}$$

Die Kerbwirkungszahl K_{f} kann daher aus Gln. (2.67) und (2.68) mit $a = a_0$ und $K_{\text{t}} \cdot \Delta S = \Delta\sigma_{\text{DK}}$ zu

$$K_{\text{f}} = \frac{K_{\text{t}}}{\sqrt{1 + 4{,}5 \frac{a_0}{\rho}}} \tag{2.69}$$

berechnet werden. Weiterhin wird gezeigt, dass ein Grenzzustand existiert, für den eine Kerbe keinen Einfluss auf die Dauerfestigkeit besitzt, wenn sie hinreichend klein ist. Das bedeutet, die Bauteildauerfestigkeit, als Nennspannung ausgedrückt, entspricht der Werkstoffdauerfestigkeit. Mit $a = a_0$ und $\Delta S_{\mathrm{DK}} = \Delta\sigma_{\mathrm{D}}$ in Gl. (2.68) und Gl. (2.67) entspricht der Grenzradius ρ_0 für eine nicht schädigende Kerbe ($K_{\mathrm{f}} = 1$):

$$\left(K_{\mathrm{t}}^2 - 1\right)\rho_0 \leq 4{,}5 a_0. \tag{2.70}$$

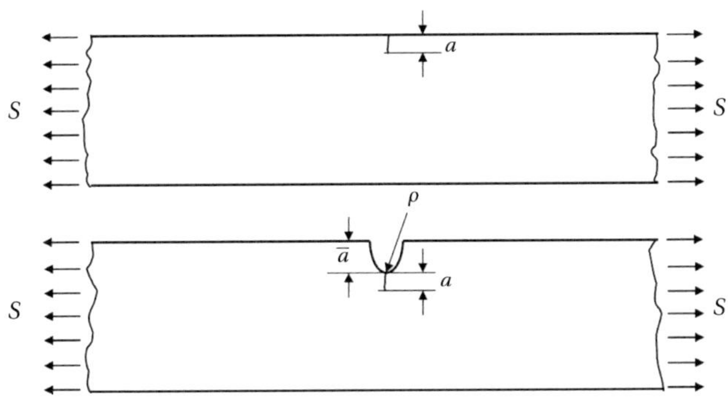

Abb. 2.11: Referenzgeometrie zur Ableitung der bruchmechanischen Stützziffer nach LUKÁŠ et al. [85]

2.6.4.2 LIU und MAHADEVAN

Zur Ableitung der bruchmechanischen Stützziffer verwenden LIU und MAHADEVAN [87] eine asymptotische Näherungslösung für den Spannungsintensitätsfaktor in der Kerbe einer halbunendlichen Scheibe aus [88]:

$$K = 1{,}1215\sigma\sqrt{\pi\left(a + \overline{a}\left(1 - \exp\left(-\frac{a\left(K_{\mathrm{t}}^2 - 1\right)}{\overline{a}}\right)\right)\right)}. \tag{2.71}$$

Für sehr kurze Risse in Relation zur Kerbtiefe $a/\overline{a} \to 0$ konvergiert der Spannungsintensitätsfaktor gegen die Lösung für einen Außenriss in einer halbunendlichen Scheibe. Für den entgegengesetzten Extremfall eines sehr langen Risses $a/\overline{a} \to \infty$ entspricht der Spannungsintensitätsfaktor nach Gl. (2.71) dem eines Außenrisses der Länge $a + \overline{a}$ in einer halbunendlichen Scheibe. Mit den entsprechenden Korrekturfunktionen für finite Probenabmessungen α und für Innenkerben β lauten die Formulierungen für die Stützziffern entsprechend Gl. (2.64)

$$n_{\mathrm{bm}} = \left(\alpha\sqrt{\left(1 + \frac{\overline{a}}{a_0}\left(1 - \exp\left(-\frac{a_0}{\overline{a}}\left(\frac{K_{\mathrm{t}}^2}{\alpha^2} - 1\right)\right)\right)\right)}\right)^{-1} \tag{2.72}$$

für eine Außenkerbe und

$$n_{\mathrm{bm}} = \left(\alpha\beta\sqrt{\left(1+\frac{2\overline{a}}{a_0}\left(1-\exp\left(-\frac{a_0}{2\overline{a}}\left(\frac{K_\mathrm{t}^2}{\alpha^2}-1\right)\right)\right)\right)}\right)^{-1} \tag{2.73}$$

für Innenkerben. Für verschwindende Kerben $K_\mathrm{t} \to 1$ konvergiert die Stützziffer gegen 1. Für schärfer werdende Kerben $K_\mathrm{t} \to \infty$ konvergiert die Stützziffer gegen einen konstanten Wert, der von $\overline{a}$, a_0 und α abhängig ist.

2.6.4.3 LIU

LIU [89] führt die Stützwirkung auf das Zusammenwirken von drei verschiedenen Mechanismen zurück: die statistische Stützwirkung, welche mit dem Fehlstellenmodell aus Abschnitt 2.3 berechnet wird; die verformungsmechanische Stützwirkung, welche die Minderung der maximalen Spannung infolge plastischer Verformung im Kerbgrund berücksichtigt und damit prinzipiell der Makrostützwirkung in Abschnitt 2.2.2 entspricht sowie der bruchmechanischen Stützwirkung. Ihre Berechnung wird im Folgenden dargelegt.

Dazu schlägt LIU aufbauend auf der NEUBERschen Näherungslösung für Risse an elliptischen Flachkerben (Gl. (2.55)) eine Näherungslösung für Risse an Flachkerben beliebiger Form vor. Der Spannungsintensitätsfaktor für einen Riss der Länge a bei einer auf den Bruttoquerschnitt bezogenen Nennspannung S' und entsprechender Formzahl K_t' in einer Probe der Bruttobreite b und der Kerbtiefe $\overline{a}$ beträgt demnach

$$\begin{aligned} K_\mathrm{I} &= S'\sqrt{\pi a}\cdot Y\!\left(\frac{a}{b-\overline{a}}\right)\cdot \\ &\left(1+\left(\left(K_\mathrm{t}'-1\right)^{-2,5}+\left(\sqrt{1+\frac{\overline{a}}{a}\cdot\frac{Y\left(\frac{a+\overline{a}}{b}\right)}{Y\left(\frac{a}{b-\overline{a}}\right)}}-1\right)^{-2,5}\right)^{-0,4}\right). \end{aligned} \tag{2.74}$$

In diese Gleichung geht das Verhältnis zweier Extremfälle ein. Die Formfunktion $Y\left(\frac{a}{b-\overline{a}}\right)$ entspricht einer gegenüber der Kerbtiefe sehr kleinen Risslänge. In diesem Fall wird der Riss vollständig durch das Feld der Kerbgrundspannung kontrolliert. Für einen gegenüber der Kerbtiefe sehr langen Riss hat die Kerbspannung praktisch kaum Einfluss auf den Riss. Mit der Formfunktion $Y\left(\frac{a+\overline{a}}{b}\right)$ wird der Spannungsintensitätsfaktor für eine fiktive Risslänge $\left(a+\overline{a}\right)$ berechnet.

Bei der Berechnung der Dauerfestigkeit wird die Risslänge a durch a_0 ersetzt. Gemäß Gl. (2.64) entspricht die bruchmechanische Stützziffer dem Verhältnis der Spannungsintensitätsfaktoren für einen Riss der Länge a_0 in der Kerbe und im homogenen Spannungsfeld. Sie wird mit

$$
\begin{aligned}
n_{\mathrm{bm}} &= K'_\sigma \frac{Y_0}{\left(\frac{a_0}{b-\overline{a}}\right)} \cdot \\
&\left(1+\left(\left(K'_\sigma-1\right)^{-2,5}+\left(\sqrt{1+\frac{\overline{a}}{a_0}\cdot\frac{Y\left(\frac{a_0+\overline{a}}{b}\right)}{Y\left(\frac{a_0}{b-\overline{a}}\right)}}-1\right)^{-2,5}\right)^{-0,4}\right)
\end{aligned}
\tag{2.75}
$$

berechnet. Dabei wird anstelle der (elastisch berechneten) Formzahl die elastisch-plastische Spannungsformzahl K'_σ verwendet um plastische Verformungen im Kerbgrund zu berücksichtigen. Die Geometriefunktion Y_0 steht für die ungekerbte Werkstoffprobe. Wie bei LIU und MAHADEVAN erfordert auch diese Beziehung die Kenntnis von Geometriefunktionen für den Spannungsintensitätsfaktor. In diesem Fall sind $Y\left(\frac{a_0}{b-t}\right)$ und $Y\left(\frac{a_0+t}{b}\right)$ zu ermitteln.

Damit kann die Gesamtstützziffer als das Produkt der statistischen, der verformungsmechanischen und der bruchmechanischen Stützziffer berechnet werden:

$$n_{\mathrm{ges}} = n_{\mathrm{st}} \cdot n_{\mathrm{vm}} \cdot n_{\mathrm{bm}} \tag{2.76}$$

2.6.4.4 VORMWALD und HERTEL

Der Ansatz von LIU zur Berechnung der Gesamtstützziffer wird auch von VORMWALD und HERTEL [90] verfolgt. Dabei sind die unterschiedlichen Stützziffern wiederum untereinander abhängig. Für die verformungsmechanische und die statistische Stützziffer werden die bekannten Gleichungen Gl. (2.12) und Gl. (2.21) verwendet.

Für die bruchmechanische Stützziffer ist im Gegensatz zum vorangegangenen Modell die Berechnung der Geometriefunktion Y nicht nötig. Als Ableitungsbeispiel dient der ebene Riss in einer kreisförmigen Innenkerbe in einer unendlichen Scheibe [91]. Andere Kerbfälle werden dann auf dieses Ableitungsbeispiel übertragen. Auch hier wird von der NEUBERschen Näherungslösung in Gl. (2.55) ausgegangen, die schon Grundlage für Gleichung (2.74) war. Die Kerbtiefe wird dabei durch die wirksame Kerbtiefe

$$\overline{a} = \frac{1}{\chi'} \cdot \frac{2K_\mathrm{t}^3 - 3K_\mathrm{t}^2 + 1}{4K_\mathrm{t}} \tag{2.77}$$

ersetzt. Sie ist von Formzahl und bezogenem Spannungsgradient abhängig und hat die Dimension einer Länge. Die bruchmechanische Stützziffer wird mit

$$n_{\mathrm{bm}} = \frac{K_\mathrm{t}}{n_{\mathrm{vm}} \cdot n_{\mathrm{st}} + \sqrt{\frac{\overline{a}}{a_0}}} \geq 1 \tag{2.78}$$

berechnet. Sie ist im Gegensatz zu den vorangegangenen Formulierungen auch von der statistischen und der verformungsmechanischen Stützziffer abhängig. Für die formzahlfreie

Anwendung auf komplexe Bauteile werden vereinfachende Annahmen getroffen und die Stützziffer ist bauteilseitig lediglich noch vom bezogenen Spannungsgradienten abhängig:

$$n_{\mathrm{bm}} = \frac{5 + \sqrt{\chi'}}{5 \cdot n_{\mathrm{vm}} \cdot n_{\mathrm{st}} + \frac{1}{2}\sqrt{\frac{15+2\sqrt{\chi'}}{5+\sqrt{\chi'}} \cdot \frac{1}{a_0}}} \geq 1. \tag{2.79}$$

Mit Gleichung (2.79) ist eine Stützziffer formuliert, die neben dem bezogenen Spannungsgradienten nur noch vom Werkstoff abhängt und damit eine Brücke zu den in Abschnitt 2.4 vorgestellten Konzepten schlägt. Im Gegensatz zu den anderen ebenen bruchmechanischen Konzepten erfolgt die Definition von a_0 nach Gleichung (2.66) mit der Geometriefunktion $Y_0 = 0{,}66$. Diese gilt für einen halbkreisförmigen Oberflächenriss im Halbraum unter Modus I Beanspruchung bei $\phi = 90°$, also im tiefsten Punkt der Rissfront. Die voranstehenden Methoden zur Berechnung von n_{bm} beziehen sich bei der Berechnung von a_0 auf einen zweidimensionalen Riss in einer halbunendlichen Scheibe mit $Y_0 = 1{,}1215$.

Weiterhin wird die charakteristische Mikrostrukturlänge a_0 aus der Zugfestigkeit des Materials abgeschätzt. Dazu werden Folgende Gleichungen vorgeschlagen:

$$a_0 = \begin{cases} 0{,}1\,\mathrm{mm} \cdot \left(\frac{680\,\mathrm{MPa}}{R_{\mathrm{m}}}\right)^2 & \text{für Stähle} \\ 0{,}1\,\mathrm{mm} \cdot \left(\frac{270\,\mathrm{MPa}}{R_{\mathrm{m}}}\right)^2 & \text{für Al-Legierungen.} \end{cases} \tag{2.80}$$

Die Berechnung der Gesamtstützziffer erfolgt analog zu Gl. (2.76) als Produkt der drei verschiedenen Stützziffern.

2.6.4.5 Atzori, Lazzarin, Meneghetti

Atzori et al. leiten eine bruchmechanische Stützziffer zur Anwendung auf U- und V-förmige Kerben auf Grundlage eines generalisierten Kitagawa-Diagramms her. Dafür erweitern sie das Kitagawa-Diagramm unter Verwendung des Frost-Diagramms (Abb. 2.12) um die Berücksichtigung von Kerben [92]. Dieses ist nach Frost benannt, von welchem die frühesten Veröffentlichungen zu nicht fortschreitenden Rissen stammen (z. B. [93]). Damit kann nach Smith und Miller [94] das unterschiedliche Verhalten milder und scharfer Kerben beschrieben werden. Dazu wird die Dauerfestigkeit (definiert als Nennspannung, bezogen auf den Bruttoquerschnitt) als Funktion der Brutto-Formzahl K_{t}' bei konstanter Kerbtiefe dargestellt. Die Grenzformzahl $K_{\mathrm{t}}'^{*}$ stellt die Grenze zwischen milden und scharfen Kerben dar. Für Formzahlen $K_{\mathrm{t}}' < K_{\mathrm{t}}'^{*}$, dem Bereich milder Kerben, entspricht die Bauteildauerfestigkeit der Werkstoffdauerfestigkeit. Damit ist die Stützziffer $n = 1$. Scharfe Kerben oberhalb der Grenzformzahl $K_{\mathrm{t}}'^{*}$ verhalten sich wie Makrorisse mit einer der Kerbtiefe identischen Risslänge. Die Bauteildauerfestigkeit kann dann mittels linear-elastischer Bruchmechanik mit $\Delta K_{\mathrm{I}} = \Delta K_{\mathrm{I,th}}$ berechnet werden. Das bedeutet die Stützziffer betreffend, dass

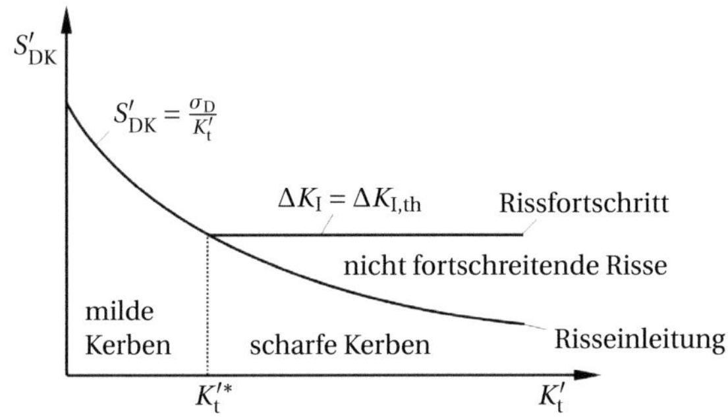

Abb. 2.12: Frost-Diagramm (schematisch, nach [94]), Abhängigkeit der Dauerfestigkeit von der Formzahl

sie ab der Grenzformzahl linear mit der Formzahl steigt bzw. dass die Bauteildauerfestigkeit (in Nennspannungen) mit ansteigender Kerbschärfe nicht weiter abfällt. Daraus leitet sich auch der Begriff der nichtschädigenden Kerben ab. Im Bereich zwischen beiden Ansätzen können zwar Mikrorisse gebildet werden, sie wachsen jedoch nicht weiter an und sind demnach dauerfest ertragbar. Das für gekerbte Proben erweiterte Kitagawa-Diagramm, Abb. 2.13, teilt die Dauerfestigkeit einer gekerbten Probe (als Bauteilersatzmodell) in drei Bereiche ein. Rissartige Defekte in Proben mit $a < a_D$ wirken sich bei Vernachlässigung der Kerbe nicht auf die Dauerfestigkeit aus. Die sog. fiktive Eigenrisslänge der Probe a_D ist über die

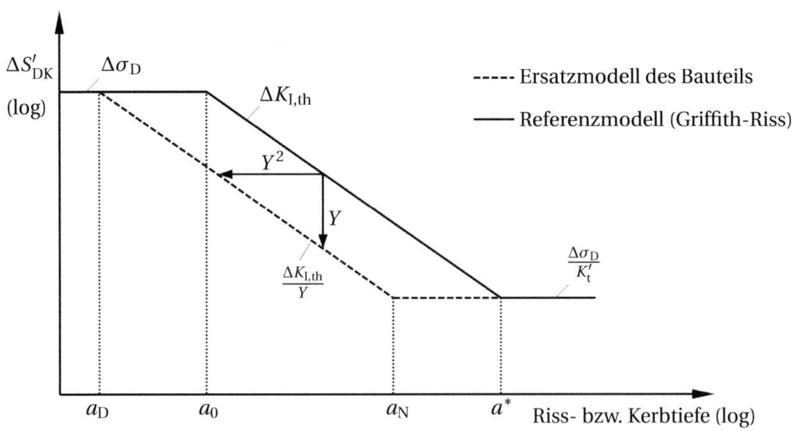

Abb. 2.13: Auf gekerbte Strukturen erweitertes Kitagawa-Diagramm, nach [92]

Geometriefunktion Y von der Probengeometrie abhängig

$$a_\mathrm{D} = \frac{a_0}{Y^2} \tag{2.81}$$

und somit bei den zur Ableitung verwendeten zweidimensionalen Modellen (Durchgangsrisse in ebenen Proben) kleiner als der Materialkennwert a_0, da in diesen Fällen $Y > 1$ ist. Für Defekte $a > a_\mathrm{D}$ hängt der Wert der Probendauerfestigkeit vom Schwellwert des Rissfortschritts für Makrorisse $\Delta K_\mathrm{I,th}$ ab und kann mittels linear-elastischer Bruchmechanik beschrieben werden:

$$\Delta K_\mathrm{I,th} = \Delta S'_\mathrm{DK}\sqrt{\pi\,(a+a_\mathrm{D})}\cdot Y = \Delta S'_\mathrm{DK}\sqrt{\pi\left(Y^2\cdot a + a_0\right)}. \tag{2.82}$$

Dabei entspricht die äquivalente Risslänge $Y^2 \cdot a + a_0$ der eines Griffith-Risses bei gleicher Nennspannung. Bis zu einer Kerbtiefe bzw. Risslänge von a_N kann eine Kerbe als Riss behandelt werden. In diesem Fall, wenn für den Kerbradius $\rho \ll a_0$ gilt, ist die Dauerfestigkeit der Probe nur von der Kerbtiefe bzw. Risslänge abhängig. Der Einfluss der Probengeometrie wird in der Geometriefunktion Y berücksichtigt. Unter Annahme einer konstanten Formzahl K'_t, gleichbedeutend mit einem konstanten Verhältnis a/ρ, sind Kerben ab einer relevanten Kerbtiefe

$$a_\mathrm{N} = \frac{a^*}{Y^2} = \frac{K'^2_\mathrm{t}\cdot a_0}{Y^2} \tag{2.83}$$

voll kerbempfindlich. Das bedeutet, die Probendauerfestigkeit entspricht

$$\Delta S'_\mathrm{DK} = \frac{\Delta\sigma_\mathrm{D}}{K'_\mathrm{t}}. \tag{2.84}$$

Damit ist es möglich den Grenzkerbfaktor K'^*_t des Frost-Diagramms und damit die Grenze zwischen milden und scharfen Kerben zu bestimmen [95]:

$$K'^*_\mathrm{t} = \sqrt{\frac{Y^2\cdot a + a_0}{a_0}}. \tag{2.85}$$

Einen Zusammenhang zwischen (Brutto-)Formzahl und Kerbwirkungszahl und damit für die Stützziffer erhalten Atzori et al. durch eine gemeinsame normierte Auswertung einer Vielzahl von Versuchsergebnissen. Dabei wurde die Formzahl K'_t, normiert auf die experimentell ermittelte Kerbwirkungszahl K_f, über der äquivalenten Risslänge der Probe, normiert auf a^* des jeweiligen Materials, aufgetragen. Als Ergebnis der Regression wird folgende Formel zur Berechnung der Kerbwirkungszahl vorgeschlagen [95]:

$$\frac{K'_\mathrm{t}}{K_\mathrm{f}} = \sqrt[4]{1 + \frac{K'^2_\mathrm{t}\cdot a_0}{Y^2\cdot a + a_0}}. \tag{2.86}$$

2.7 Theory of Critical Distances

2.7.1 Einführende Betrachtungen

Die Theory of Critical Distances, im Folgenden als TCD bezeichnet, bildet das theoretische Grundgerüst, mit dem sowohl Spannungsabstands- als auch Spannungsmittelungsansätze beschrieben werden. Die grundlegende Annahme besagt, dass der Vorgang der Materialermüdung, insbesondere der Anrissbildung, ausschließlich durch das elastische Spannungsfeld in direkter Kerbnähe bestimmt wird. Dieser Ansatz wurde erstmals von NEUBER [20] verfolgt, der mit dem Konzept der Mikrostützwirkung den Grundstein der TCD legte (Abschnitt 2.2.2). Demnach entspricht die wirksame Spannung im Kerbgrund der über einer charakteristischen Länge des Materials gemittelten elastizitätstheoretisch berechneten Kerbspannung. Von derselben Grundannahme geht auch PETERSON (Abschnitt 2.2.3) aus. Allerdings definiert er die wirksame Kerbspannung als den Wert, auf den die elastizitätstheoretisch berechnete Spannung in einem materialtypischen Abstand abgefallen ist.

Ein einheitliches theoretisches Modell der TCD wurde seit 1997 vor allem von LAZZARIN, TAYLOR, SUSMEL und BELLETT entwickelt: [96, 97, 98, 99, 100, 101]. Gute Überblicksartikel stellen nach Ansicht des Autors [102] und [103] dar. Dabei werden die Fortschritte genutzt, die der damaligen Anwendung der Theorie von NEUBER im Wege standen: eine formale Definition des werkstofftypischen Längenparameters mit Hilfe der linear-elastischen Bruchmechanik und die einfache Möglichkeit zur Berechnung elastischer Spannungsfelder um Kerben mit Hilfe numerischer Methoden wie der FEM.

Die Kerbempfindlichkeit des Werkstoffs wird in Form des materialspezifischen Längenparameters L berücksichtigt. Er ist definiert als die (halbe) Risslänge eines Griffith-Risses, für den bei Nennbeanspruchung in Höhe der Werkstoffdauerfestigkeit $\Delta\sigma_{\mathrm{D}}$ der Spannungsintensitätsfaktor dem Schwellwert für den zyklischen Rissfortschritt entspricht:

$$L = \frac{1}{\pi}\left(\frac{\Delta K_{\mathrm{I,th}}}{\Delta\sigma_{\mathrm{D}}}\right)^2. \tag{2.87}$$

Damit ist L mit der ursprünglichen Definition der Eigenrisslänge a_0 nach EL HADDAD et al. identisch. Entsprechend ist der Wert für L auch keine reine Materialkonstante. Er hängt außerdem vom Spannungsverhältnis ab, bei dem der Schwellwert $\Delta K_{\mathrm{I,th}}$ und die Dauerfestigkeit $\Delta\sigma_{\mathrm{D}}$ bestimmt wurden. Beide müssen bei jeweils dem gleichen Spannungsverhältnis bestimmt werden, welches für das zu bewertende Bauteil zutrifft.

Die TCD besagt, dass eine Beanspruchung dauerfest ertragen werden kann, wenn die effektive (Kerb-)Spannung $\Delta\sigma_{\mathrm{eff}}$ gleich der Dauerfestigkeit des entsprechenden Werkstoffs ist:

$$\Delta\sigma_{\mathrm{eff}} = \Delta\sigma_{\mathrm{D}}. \tag{2.88}$$

In das Spannungsfeld im Kerbgrund gehen indirekt alle Informationen zu Kerbform bzw. Bauteilgeometrie und Beanspruchungsart ein. Weitere Kenngrößen zur geometrischen Beschreibung der Kerbe wie Formzahl, Kerbradius oder Spannungsgradient müssen nicht explizit bestimmt werden. Werkstoffseitig bestimmt der Parameter L den kritischen Abstand r_k, welcher den zur Mittelung verwendeten Bereich begrenzt. Damit ist L analog zu a_0 in den bruchmechanischen Konzepten das Maß der Empfindlichkeit des Werkstoffs gegenüber Kerben bzw. inhomogener Spannungsverteilung. Die Stützziffer zur Berechnung der Bauteildauerfestigkeit aus der Werkstoffdauerfestigkeit entspricht dem Verhältnis der effektiven Kerbspannung zur maximalen Kerbspannung:

$$n_{\mathrm{TCD}} = \frac{\sigma_{\mathrm{I,max}}}{\sigma_{\mathrm{eff}}}. \tag{2.89}$$

2.7.2 Ableitung der Verfahrensvarianten

Die Herleitung der Zusammenhänge zwischen L und dem kritischen Abstand r_k erfolgt am Referenzbeispiel des Griffith-Risses [97, 104]. Dadurch lässt sich ein Zusammenhang zwischen den Grenzbedingungen für nicht fortschreitende Rissen $\Delta K_I = \Delta K_{I,th}$ und dauerfeste Beanspruchung $\Delta\sigma = \Delta\sigma_D$ herstellen. Der am Riss hergeleitete kritische Abstand soll auch für beliebige Kerbformen anwendbar sein. Das ist dann möglich, wenn die bereits genannten Grundannahmen der TCD gelten: Es können keine zum Versagen führenden, fortschrittsfähigen Makrorisse gebildet werden, wenn die effektive Kerbspannung unterhalb der Werkstoffdauerfestigkeit liegt. Der die effektive Kerbspannung bestimmende kritische Abstand ist (bei konstantem Spannungsverhältnis) nur vom Material abhängig und damit sowohl für milde Kerben, als auch für Risse identisch. Die TCD ist somit als ein Konzept zur Beschreibung des Größeneinflusses sowohl für Risse als auch für gekerbte Bauteile anwendbar [97]. Im Gegensatz zur Definition von a_0 in Gl. (2.66), bei dem die Geometriefunktion Y_0 für einen ebenen oder räumlichen Außenriss berücksichtigt wird, ist die Definition von L unabhängig von geometrischen Einflüssen der verwendeten Werkstoffproben. Der Parameter L ist als Materialparameter unabhängig von der Bauteilform konstant.

Zur Berechnung der effektiven Kerbspannung existieren 4 verschiedene Methoden (Abb. 2.14):

- Point Method (PM): die effektive Kerbspannung entspricht der Spannung im Abstand $r_{\mathrm{k,PM}}$ hinter der Kerbe und in Richtung des maximalen Spannungsgradienten

$$\Delta\sigma_{\mathrm{eff}} = \Delta\sigma_{\mathrm{I}}\left(r = r_{\mathrm{k,PM}}\right) \tag{2.90}$$

- Line Method (LM): die effektive Kerbspannung entspricht der über dem Abstand $r_{\mathrm{k,LM}}$ hinter der Kerbe in Richtung des maximalen Spannungsgradienten gemittelten Spannung

$$\Delta\sigma_{\mathrm{eff}} = \frac{1}{r_{\mathrm{k,LM}}}\int_0^{r_{\mathrm{k,LM}}} \Delta\sigma_{\mathrm{I}}(r)\,\mathrm{d}r \tag{2.91}$$

- Area Method (AM): die effektive Kerbspannung entspricht der über einem Halbkreis mit dem Radius $r_{\mathrm{k,AM}}$ gemittelten Spannung hinter der Kerbe

$$\Delta\sigma_{\mathrm{eff}} = \frac{1}{A}\int_A \Delta\sigma_{\mathrm{I}}\left(x,y\right)\mathrm{d}A \tag{2.92}$$

- Volume Method (VM): die effektive Kerbspannung entspricht der über einer Halbkugel mit dem Radius $r_{\mathrm{k,VM}}$ hinter der Kerbe gemittelten Spannung

$$\Delta\sigma_{\mathrm{eff}} = \frac{1}{V}\int_V \Delta\sigma_{\mathrm{I}}\left(x,y,z\right)\mathrm{d}V. \tag{2.93}$$

Die LM entspricht dabei dem theoretischen Ansatz für die Mikrostützwirkung von NEUBER. Der Mittelungsbereich $r_{\mathrm{k,LM}}$ ist somit identisch mit der Ersatzstrukturlänge ρ^*. Die PM dagegen entspricht dem Punktabstandsansatz nach PETERSON. TANAKA [104] (1983) stellte erstmals den Zusammenhang zwischen EL HADDADs Parameter a_0 mit den Parametern der Modelle von NEUBER und PETERSON her und lieferte damit die Grundlage der TCD.

Das linear-elastische Spannungsfeld nahe der Rissspitze an einem ebenen Innenriss der Länge $2a$ ist für $(x,y) \ll a$ unter einachsiger Zugbeanspruchung senkrecht zum Riss mit den Gleichungen (2.44) vollständig beschrieben. Bei zyklischer Beanspruchung werden die Spannungen durch Spannungsschwingbreiten und der Spannungsintensitätsfaktor durch den zyklischen Spannungsintensitätsfaktor ersetzt. Durch Koordinatentransformation erhält man die Spannungskomponenten schließlich in Polarkoordinaten (Abb. 2.6):

$$\Delta\sigma_r\left(r,\varphi\right) = \frac{\Delta K_{\mathrm{I}}}{\sqrt{2\pi r}}\left(\frac{5}{4}\cos\left(\frac{\varphi}{2}\right) - \frac{1}{4}\cos\left(\frac{3\varphi}{2}\right)\right) \tag{2.94}$$

$$\Delta\sigma_\varphi\left(r,\varphi\right) = \frac{\Delta K_{\mathrm{I}}}{\sqrt{2\pi r}}\left(\frac{3}{4}\cos\left(\frac{\varphi}{2}\right) + \frac{1}{4}\cos\left(\frac{3\varphi}{2}\right)\right) \tag{2.95}$$

$$\Delta\tau_{r\varphi}\left(r,\varphi\right) = \frac{\Delta K_{\mathrm{I}}}{\sqrt{2\pi r}}\left(\frac{1}{4}\sin\left(\frac{\varphi}{2}\right) + \frac{1}{4}\sin\left(\frac{3\varphi}{2}\right)\right). \tag{2.96}$$

Die 1. Hauptspannung wird als Vergleichsspannung verwendet und ist für jeden Punkt (r,φ) hinter der Rissspitze mit

$$\Delta\sigma_1\left(r,\varphi\right) = \frac{\Delta K_\mathrm{I}}{\sqrt{2\pi r}}\left(\cos\left(\frac{\varphi}{2}\right) + \sqrt{\left(\cos\left(\frac{\varphi}{2}\right)\sin\left(\frac{\varphi}{2}\right)\right)^2}\right) \tag{2.97}$$

bestimmt. Für die PM wird die effektive Kerbspannung mit

$$\Delta\sigma_\mathrm{eff} = \Delta\sigma_1\left(r = r_\mathrm{k,PM},\ \varphi = 0\right) = \frac{\Delta K_\mathrm{I}}{\sqrt{2\pi r_\mathrm{k,PM}}} \tag{2.98}$$

bestimmt. Mit der Grenzbedingung für das zyklische Risswachstum $\Delta K_\mathrm{I} = \Delta K_\mathrm{I,th}$ wird der kritische Abstand $r_\mathrm{k,PM}$ gesucht, für den gerade $\Delta\sigma_\mathrm{eff} = \Delta\sigma_\mathrm{D}$ gilt:

$$\Delta\sigma_\mathrm{D} = \frac{\Delta K_\mathrm{I,th}}{\sqrt{2\pi r_\mathrm{k,PM}}}. \tag{2.99}$$

Mit Gl. (2.87) lässt sich der kritische Abstand in Abhängigkeit von L ausdrücken:

$$r_\mathrm{k,PM} = \frac{1}{2}\cdot L. \tag{2.100}$$

Analog ist das Vorgehen zur Herleitung des kritischen Abstandes für die LM. Mit der effektiven Kerbspannung

$$\Delta\sigma_\mathrm{eff} = \frac{1}{r_\mathrm{k,LM}}\int_0^{r_\mathrm{k,LM}} \Delta\sigma_1\left(r,\ \varphi = 0\right)\mathrm{d}r \tag{2.101}$$

und der Bedingung $\Delta K_\mathrm{I} = \Delta K_\mathrm{I,th}$ sowie $\Delta\sigma_\mathrm{eff} = \Delta\sigma_\mathrm{D}$ ergibt sich:

$$\Delta\sigma_\mathrm{D} = \frac{\sqrt{2}\Delta K_\mathrm{I,th}}{\sqrt{\pi\cdot r_\mathrm{k,LM}}}. \tag{2.102}$$

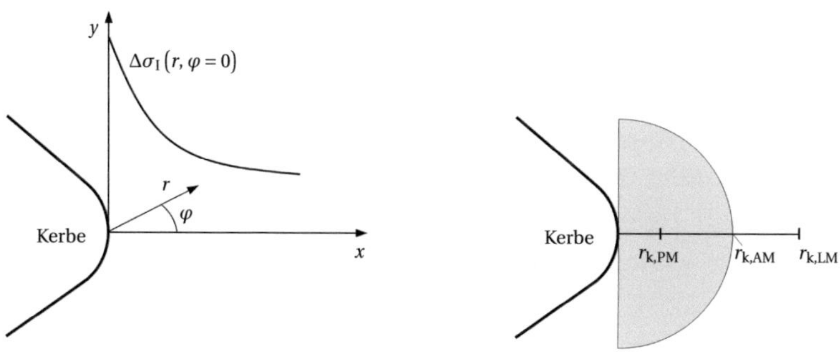

Abb. 2.14: PM, LM und AM als Varianten der TCD

Die Mittelung muss demnach über dem Bereich von

$$r_{\mathrm{k,LM}} = 2 \cdot L \tag{2.103}$$

erfolgen. Für die AM wird die Beanspruchung im Rissspitzennahfeld über einer halbkreisförmigen Fläche ($A = \frac{\pi}{2} r_{\mathrm{k,AM}}^2$) gemittelt:

$$\Delta\sigma_{\mathrm{eff}} = \frac{1}{A} \int_{-\frac{\pi}{2}}^{\frac{\pi}{2}} \int_{0}^{r_{\mathrm{k,AM}}} \Delta\sigma_1 \left(r, \varphi\right) r \,\mathrm{d}r \,\mathrm{d}\varphi. \tag{2.104}$$

Mit den Bedingungen für Rissstillstand und Dauerfestigkeit erhält man

$$\Delta\sigma_{\mathrm{D}} = \frac{2}{3} \frac{\left(4+\sqrt{2}\right) \Delta K_{\mathrm{I,th}}}{\pi\sqrt{\pi \cdot r_{\mathrm{k,AM}}}} \tag{2.105}$$

und damit den Zusammenhang mit dem Parameter L:

$$r_{\mathrm{k,AM}} = \frac{8\left(9+4\sqrt{2}\right)}{9\pi^2} \cdot L = 1{,}32 \cdot L. \tag{2.106}$$

Die vorangegangenen Verfahren PM, LM und AM sind am Beispiel eines ebenen Risses hergeleitet worden. Werden sie auf dreidimensionale Kerben in Bauteilen angewendet, so erfolgt die Auswertung in Richtung der maximalen Spannung bzw. des maximalen Spannungsgradienten. Mit der VM wird das räumliche Spannungsfeld um den Punkt der maximalen Beanspruchung in der Kerbe ausgewertet. Die Spannungsmittelung erfolgt über einem Halbkugelvolumen. Damit kann der kritische Abstand, welcher in diesem Fall den Kugelradius darstellt, über dem gemittelt wird, nicht mehr am ebenen Innenriss abgeleitet werden. BELLETT et al. leiten in [101] den kritischen Abstand am Beispiel eines Durchgangsrisses in einer sehr dicken Scheibe (Dicke $d \gg a, r_{\mathrm{k,VM}}$) her. Steht diese unter einachsiger Zugbeanspruchung normal zum Riss und wird ein Bereich mit großem Abstand vom Rand betrachtet, kann die Beanspruchung vor der Rissspitze wieder mit den Gln. (2.96) bis (2.94) bzw. (2.97) beschrieben werden. Dies geschieht jeweils in einem senkrecht auf der Rissfront stehenden ebenen Polarkoordinatensystem (r', φ'). Diese Variante führt im Prinzip auf ein ebenes Problem. Wird die 1. Hauptspannung allerdings in Kugelkoordinaten mit dem Koordinatenursprung im Mittelpunkt der zur Mittellung verwendeten Halbkugel ($V = \frac{2}{3}\pi \cdot r_{\mathrm{k,VM}}^3$) formuliert, ist die Spannung von den 3 Koordinaten (r, φ, θ) abhängig. Die darüber gemittelte Spannung wird mit

$$\Delta\sigma_{\mathrm{eff}} = \frac{1}{V} \int_{-\frac{\pi}{2}}^{\frac{\pi}{2}} \int_{-\frac{\pi}{2}}^{\frac{\pi}{2}} \int_{0}^{r_{\mathrm{k,VM}}} \Delta\sigma_1 \left(r, \theta, \varphi\right) r^2 \cdot \sin(\theta) \,\mathrm{d}r \,\mathrm{d}\theta \,\mathrm{d}\varphi. \tag{2.107}$$

berechnet. Das Ergebnis liefert unabhängig von der vorgegebenen Risslänge a

$$\Delta\sigma_{\mathrm{D}} = 0{,}69889 \cdot \frac{\Delta K_{\mathrm{I,th}}}{\sqrt{r_{\mathrm{k,VM}}}} \tag{2.108}$$

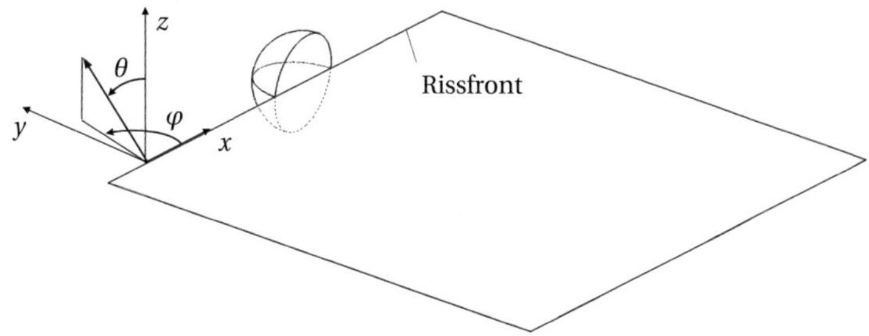

Abb. 2.15: Zur Herleitung der VM

und führt auf den Zusammenhang zwischen dem Parameter L und den zu verwendenden Halbkugelradius:

$$r_{\mathrm{k,LM}} = 1{,}5345 \cdot L. \tag{2.109}$$

Die Herleitung der kritischen Abstände ist exakt für die jeweils verwendeten Ableitungsbeispiele. Die Hypothese der TCD besteht in der Übertragbarkeit auf beliebige Geometrien, vom Riss über Kerben bis hin zu glatten Probestäben. Die Korrektheit dieser Annahme ist durch Experimente mit verschiedenen Kerbformen und Materialien bestätigt worden [99, 105, 106, 107, 108, 109].

2.7.3 Stützziffer nach LAZZARIN

Auf Grundlage der Line-Method leiten LAZZARIN et al. [96] eine Stützziffer ab. Ähnlich den bruchmechanischen Stützziffern erfolgt die Ableitung auch hier anhand einer Referenzgeometrie für eine V-Kerbe. Die Übertragbarkeit auf andere Kerbgeometrien ist daher stets zu überprüfen. Zur Beschreibung des linear-elastischen Spannungsfeldes in Gl. (2.91) verwenden sie folgende Näherungslösung von GLINKA [110]:

$$\sigma_y(x) = \frac{\sigma_{\max}}{2\sqrt{2}} \left(\left(\frac{x}{\rho} + \frac{1}{2} \right)^{-\frac{1}{2}} + \frac{1}{2} \left(\frac{x}{\rho} + \frac{1}{2} \right)^{-\frac{3}{2}} \right), \tag{2.110}$$

welche für scharfe Kerben ($K_t > 4{,}5$) mit einem Kerböffnungswinkel kleiner $\frac{\pi}{2}$ im Bereich $0 \le x \le 3\rho$ bei einem Fehler von unter 10 % anwendbar ist. Die effektive Kerbspannung entspricht der nach Gl. (2.102) über $2 \cdot L$ gemittelten Spannung nach Gl. (2.110)

$$\sigma_{\mathrm{eff}} = \frac{1}{2L} \int_0^{2L} \sigma_y(x)\,\mathrm{d}x = \frac{\sigma_{\max}}{\sqrt{1 + 4\frac{L}{\rho}}}. \tag{2.111}$$

Daraus ergibt sich nach Gl. (2.89) die Stützziffer

$$n = \sqrt{1 + 4\frac{L}{\rho}}, \tag{2.112}$$

welche der Stützziffer nach LUKÁŠ (Abschnitt 2.6.4.1) sehr ähnlich ist. Neben dem Faktor 4 bzw. 4,5 unterscheiden sie sich in der Definition des Materialparameters. Im Gegensatz zu L beinhaltet a_0 in Gl. (2.69) noch die Geometriefunktion $Y = 1{,}12$. Die Ableitung beider Stützziffern ist jedoch grundsätzlich verschieden. LAZZARIN mittelt über dem elastischen Spannungsfeld, während LUKÁŠ die Beanspruchung an nicht fortschreitenden Rissen verwendet.

2.8 Einschätzung der verschiedenen Konzepte

Die in den Abschnitten 2.2 bis 2.7 vorgestellten Konzepte sollen einen Überblick über den „Stand der Technik" für Stützzifferkonzepte bieten. Grundsätzlich können die Konzepte in zwei übergeordnete Gruppen eingeteilt werden. Auf der einen Seite stehen die empirischen Konzepte. Diese werden an Versuchsdaten angepasst. Auf der anderen Seite stehen Vorhersagekonzepte. Mit diesen kann die Stützwirkung ohne Anpassung an Versuche vorhergesagt werden.

Die **empirischen Konzepte** umfassen die klassischen Ansätze (Abschnitt 2.2), Spannungsgradientenansätze (Abschnitt 2.4) und die volumetrischen Konzepte (Abschnitt 2.5). In die Berechnung der Stützziffer gehen Informationen über das Bauteil, genauer die zu bewertende versagenskritische Stelle des Bauteils ein. Welche Parameter zur Charakterisierung der Kerbe verwendet werden, unterscheidet die verschiedenen Konzepte. Maßgeblich entscheidend für die Stützwirkung ist das die versagenskritische Stelle umgebende Beanspruchungsfeld. Dieses wird durch verschiedene phänomenologische Parameter, z. B. den bezogenen Spannungsgradienten oder das höchstbeanspruchte Volumen, vereinfachend abgebildet. Ältere Modelle verwenden kerbgeometrische Kenngrößen wie Kerbradius oder Formzahl, welche einfacher zu bestimmen sind. Außerdem wird noch die Information zur Kerbempfindlichkeit des Materials benötigt. Diese ist in Form der an die Versuchsergebnisse anzupassenden Parameter ausgedrückt. In Abb. 2.16 sind die verschiedenen Möglichkeiten für Parameter zur geometrischen Charakterisierung einer Kerbe beispielhaft aufgezeigt. Die Stützziffer wird schließlich unter Berücksichtigung der Kerbe und des Materials berechnet. Die Extrapolation über den zur Ableitung verwendeten Datensatz hinaus stellt eine entscheidende Unsicherheitsquelle dar.

Vorhersagekonzepte verwenden neben der Werkstoffdauerfestigkeit einen weiteren Materialparameter, mit welchem die Kerbempfindlichkeit berechnet werden kann. Das ist für das Fehlstellenmodell der von der materialcharakteristischen Streuung abhängende Weibullex-

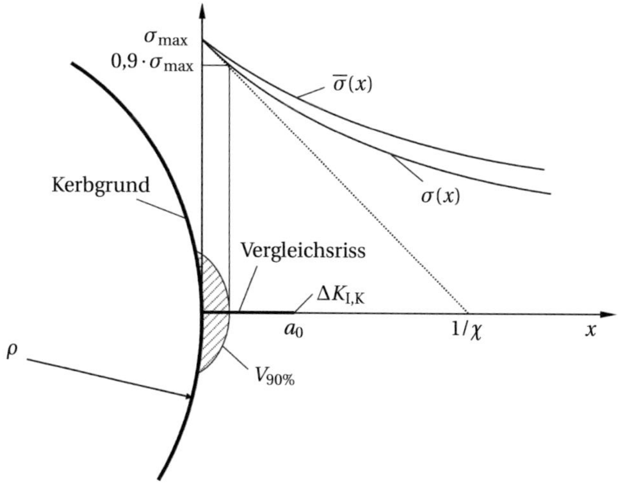

Abb. 2.16: Parameter zur Charakterisierung der Kerbform der verschiedenen Stützzifferkonzepte

ponent κ. Je größer dieser ist, desto kerbempfindlicher ist ein Werkstoff. Die bruchmechanischen Konzepte und die TCD verwenden den Schwellwert des zyklischen Rissfortschritts als zusätzlichen Materialparameter. Zusammen mit der Werkstoffdauerfestigkeit ergibt sich ein materialspezifischer Längenparameter, welcher als Vergleichsrisslänge oder zur Berechnung des kritischen Abstands verwendet wird. In beiden Fällen nimmt die Kerbempfindlichkeit des Materials mit dem Ansteigen dieses Längenparameters ab. Zur Charakterisierung einer Kerbform wird je nach Konzept das Spannungsintegral, die Rissbeanspruchung im Kerbgrund oder die über dem kritischen Abstand gemittelte Spannung verwendet.

Im Folgenden sollen die vorgestellten Konzepte bezüglich ihrer Anwendbarkeit bewertet werden. Die unter Abschnitt 2.2 aufgeführten **klassischen Konzepte** verwenden in der dargestellten Form die Formzahl und den Kerbradius zur Charakterisierung der Kerbe. Diese Angaben können das Spannungsfeld in direkter Kerbnähe einfacher Kerbstäbe relativ gut abbilden. Für beliebige Bauteilformen sind sie allerdings ungeeignet. Das liegt zum einen daran, dass sich Nennspannungen und damit Formzahlen dann nicht definieren lassen. Zum anderen ist der Kerbradius als Maß für den bezogenen Spannungsgradienten nur für typische Kerben verwendbar. Resultiert der Spannungsgradient aus der Belastungsart, kann die Maximalspannung an praktisch ungekerbten Stellen des Bauteils mit $\rho \rightarrow \infty$ auftreten. Auch wenn z. B. die Mikrostützwirkung formzahlfrei formuliert werden kann (Gl. (2.10)), steht der verallgemeinerten Anwendung noch eine weitere Einschränkung entgegen. Die Formeln von NEUBER und PETERSON enthalten weiterhin Faktoren, welche von der Beanspruchungsart (Biegung, Torsion, etc.) abhängen. Auch diese lässt sich im allgemeinen Fall nicht derart eindeutig zuordnen, wie es bei einfachen Kerbstäben der Fall ist. Aus diesen Gründen haben sich die Ansätze von NEUBER und PETERSON in der Anwendung nicht durchgesetzt [46]. Allerdings sind ihre theoretischen Ansätze Bestandteil der TCD. Die Spannungsmittelung nach NEUBER entspricht dort der LM und der Spannungsabstandsansatz von PETERSON findet sich in der PM wieder.

Die **Makrostützwirkung** ist integraler Bestandteil des Örtlichen Konzepts zur Lebensdauerabschätzung. Mit der NEUBERschen Näherungsformel (Gl. (2.12)) oder über FE-Rechnung bestehen für die Anwendung ebenfalls keine einschränkenden Anforderungen an die Bauteilgeometrie. Materialseitig muss die zyklische Spannungs-Dehnungskurve bekannt sein. Allerdings kann die geringe Kerbempfindlichkeit von Sinterstählen nicht mit der Makrostützwirkung erklärt werden. Aufgrund der sehr kleinen zyklischen plastischen Dehnungsanteile macht sie einen verschwindenden Anteil an der Gesamtstützwirkung aus [111, 30].

Die Berechnung der statistischen Stützziffer auf Grundlage des **Fehlstellenmodells** ist durch die notwendige Berechnung der Spannungsintegrale relativ aufwändig. Näherungslösungen existieren nur für einfache Kerbstabgeometrien. Im allgemeinen Fall muss das Spannungsfeld im Bauteil numerisch bestimmt werden. Dazu muss für die Zuordnung Volumen-Beanspruchung die Spannung über einem Element (Volumen bekannt) als konstant angenommen werden oder den Knoten des FE-Modells ein Volumen zugeordnet werden. Weiteres zur praktischen Umsetzung ist in Abschnitt 4.2.4 aufgeführt. Von diesem praktischen Problem abgesehen besteht allerdings keine Einschränkung bezüglich der Bauteilgeometrie. Die Kerbempfindlichkeit des Materials in Form des Weibullexponenten κ muss aus der mittleren Streuung der Dauerfestigkeit des Werkstoffs oder der Werkstoffgruppe bestimmt werden. Zu deren Ermittlung ist allerdings das Vorhandensein vieler experimenteller Daten notwendig. Damit ist der Vorteil dieses Vorhersagekonzepts gegenüber den empirischen Konzepten bezüglich des Aufwands in der Ermittlung der Materialparameter egalisiert.

Die Ansätze auf Grundlage des bezogenen **Spannungsgradienten** haben sich in vielen Regelwerken des deutschsprachigen Raumes als Standard durchgesetzt (z. B. [2, 4, 5]). Bezüglich der zu bewertenden Bauteilform werden keine Einschränkungen gemacht. Die höhere Dauerfestigkeit von biegebeanspruchten Proben kann prinzipiell genauso vorhergesagt werden wie die von Formkerben. Daher eignet sich das Konzept auch besonders für die Verwendung in FE-Postprocessoren. Die Materialparameter der Spannungsgradientenansätze müssen für jeden Werkstoff bzw. jede Werkstoffgruppe an experimentell bestimmten Stützziffern abgeleitet werden. Eine Ausnahme stellt das hier den Spannungsgradientenmodellen zugeordnete Verfahren von KOGAEV und SERENSEN dar. Es eignet sich ausschließlich zur Berechnung der Dauerfestigkeit einfacher Maschinenbauteile. Nur in diesem Fall ist das Ähnlichkeitskriterium L/χ' formulierbar. Weiterhin muss die Dauerfestigkeit des Werkstoffes bei nicht homogenem Spannungszustand (z. B. Umlaufbiegung) bekannt sein.

In Bezug auf die allgemeine Anwendbarkeit bei beliebigen Bauteilgeometrien und den Aufwand für die Ermittlung der Materialparameter sind die Konzepte des **höchstbeanspruchten Werkstoffvolumens** mit den Spannungsgradientenansätzen vergleichbar. Ein Vorteil besteht in der Berücksichtigung statistischer Größeneinflüsse neben dem spannungsmechanischen Größeneinfluss. So wird der experimentell belegbare Unterschied zwischen den Dauerfestigkeiten bei Axialbiegung und Umlaufbiegung aufgrund des im zweiten Fall größeren höchstbeanspruchten Volumens mit berücksichtigt. Das ist unter der ausschließlichen Verwendung des Spannungsgradienten nicht möglich. An diesem Punkt setzt das volumenkorrigierte Spannungsgradientenmodell an, mit welchem spannungsmechanische und statistische Größeneinflüsse separat berücksichtigt werden. Mit der in Abschnitt 4.1 vorgestellten Datenbasis kann dieses Modell nicht angewendet werden. Zur Ableitung des zusätzlichen Materialparameters a in Gleichung (2.42) wird die Kenntnis der Umlaufbiegedauerfestigkeit vorausgesetzt, die für die hier untersuchten Werkstoffe nicht bestimmt wurde.

Für die Berechnung der **bruchmechanischen Stützziffer** muss der Spannungsintensitätsfaktor oder die Geometriefunktion für einen Riss der Länge a_0 im Kerbgrund bestimmt werden. Da dies mit erheblichem Aufwand verbunden ist, wird die Stützziffer anhand von ebenen Referenzgeometrien bestimmt, für welche eine analytische Lösung des Spannungsintensitätsfaktors bekannt ist. Die Schwierigkeit besteht in der Übertragung der reellen Bauteilkerbe auf die Referenzgeometrie. Dafür werden Kenngrößen wie die Formzahl und der Kerbradius verwendet. Das schränkt den Anwendungsbereich auf einfache Bauteilkerben ein. Mit noch größeren Einschränkungen ist die Stützziffer nach ATZORI et al. verbunden. Dort wird die Möglichkeit der Definition einer Formzahl bezogen auf den Bruttoquerschnitt vorausgesetzt. Das ist ausschließlich für einfache Kerbstäbe möglich. Bereits für eine abgesetzte Welle kann der Bruttoquerschnitt nicht mehr eindeutig bestimmt werden. Aufgrund dieser Einschränkungen ist dieses Konzept vielmehr akademischer Natur und kann praktisch kaum umgesetzt werden. Für die praktische Anwendung eignet sich dagegen die formzahlfreie Stützziffer nach VORMWALD und HERTEL. Diese verwendet wiederum den bezogenen Spannungsgradienten und ist somit für beliebige Bauteilformen verwendbar. Allerdings beinhaltet sie ebenfalls die statistische Stützziffer, welche mit den bereits genannten Problemen bestimmt werden muss. Darüber hinaus lässt sich auch die Stützziffer nach LUKÁŠ und KLESNIL durch Ersetzten des Kerbradius mit dem bezogenen Spannungsgradienten entsprechend umformulieren. Materialseitig muss zur Werkstoffdauerfestigkeit auch der Schwellwert für das zyklische Risswachstum zur Berechnung des Materialparameters a_0 bestimmt werden. Neben dieser zusätzlichen Versuchsreihe sind dann allerdings keine weiteren Experimente erforderlich, um die Kerbempfindlichkeit des Materials zu bestimmen. Diese wird anhand des zu Grunde liegenden theoretischen Modells vorhergesagt.

Die **Theory of critical distances** benötigt für den Materialparameter L ebenfalls den Risswachstumsschwellwert. Der kritische Abstand ergibt sich aus theoretischen Überlegungen am Ableitungsbeispiel des Griffith-Risses und hängt direkt von L ab. Bezüglich der Bauteilgeometrie bestehen keine Einschränkungen. Es muss dazu das die versagenskritische Stelle umgebende Spannungsfeld berechnet werden. Der Aufwand variiert zwischen den verschiedenen Methoden der TCD stark. Die Anwendung der PM und der LM ist verhältnismäßig einfach. Es genügt im Postprocessing die Spannungsausgabe entlang eines Pfades vom Kerbgrund senkrecht in die Bauteiloberfläche. Der Aufwand für die VM ist vergleichbar mit der Anwendung des Fehlstellenmodells oder des $V_{90\%}$-Konzepts. Die als Area Method bezeichnete Möglichkeit, die effektive Kerbspannung zu berechnen (Gl. (2.92)), ist im Vergleich zu den anderen Varianten nicht problemlos anwendbar. Die Lage der Mittelungsfläche ist nicht genau definiert. Sämtliche Ebenen, die sich durch Rotation um die an der maximal beanspruchten Stelle senkrecht in die Körperoberfläche zeigende Achse erzeugen lassen, kommen dafür prinzipiell in Frage. Eine genauere Definition lässt sich anhand des Ableitungsbeispiels ebener Innenriss [97] nicht finden. Es könnte z. B. ähnlich zum Verfahren der kritischen Schnittebene die Fläche gesucht werden, für die die effektive Spannung minimal und damit die Stützziffer maximal wird. Außerdem ist die Mittelung entlang einer ebenen Fläche in einem räumlichen FE-Modell aus vernetzungstechnischen Gründen nicht ohne weiteres möglich.

3 Bruchmechanische Stützziffer mittels 3D-Rissmodellierung

3.1 Motivation

Bei der Anwendung der Bruchmechanik zur Vorhersage von Bauteildauerfestigkeiten kommt der Bestimmung von Spannungsintensitätsfaktoren die zentrale Rolle zu. Diese sind i. A. für Risse im Kerbgrund zu berechnen. Für das Kerbrissproblem existieren nur wenige analytische Lösungen. Diese beziehen sich stets auf ebene Risskonfigurationen (z. B. Gl. (2.55)). Aus diesem Grund werden bruchmechanische Stützziffern für Referenzgeometrien formuliert. Eine zu bewertende Bauteilkerbe muss dann auf diese übertragen werden. Inzwischen existieren zahlreiche mit numerischen Verfahren aufgestellte Näherungslösungen für ebene Risskonfigurationen (z. B. [72, 73, 112]). Damit kann der Spannungsintensitätsfaktor für Risse in Kerbproben endlicher Abmessungen und Bauteilen mit einfachen Kerbformen bestimmt werden. Bei der Verwendung zweidimensionaler Geometrien wird der Riss der Länge a_0 zwangsläufig als Durchgangsriss betrachtet. Er erstreckt sich über die gesamte Probendicke. Die Risslänge a_0 ist allerdings i. A. deutlich kleiner als die Probe dick ist. Daher erscheint für die Rissart die Annahme eines Oberflächenrisses und damit einer räumlichen Risskonfiguration geeigneter. Im Vergleich zu ebenen Durchgangsrissen ist die Beanspruchung an der Rissfront von entsprechenden räumlichen Rissen kleiner. Dieser Unterschied wirkt sich auf die Berechnung der Stützziffer nur geringfügig aus, da auch die Risslänge a_0 unter der Annahme eines ebenen Modells berechnet wird und somit deutlich kleiner ist als für ein räumliches Modell. An ihre Grenzen stößt die ebene Betrachtung bei der Anwendung auf räumliche Kerbprobleme. Diese treten z. B. bei inneren und äußeren Rotationskerben auf [17]. Auch Wellen mit Querbohrung unter Torsionsbeanspruchung oder Kerbstäbe unter Flachbiegung (Biegeachse parallel zur Kerbgrundnormalen) sind räumliche Kerbprobleme. Soll die bruchmechanische Stützziffer für beliebige Bauteilformen angewendet werden, darf sie nicht von der Übertragbarkeit auf ein ebenes Problem abhängen.

Für räumliche Rissprobleme existieren lediglich wenige analytische Lösungen, z. B. für Oberflächen- oder Eckrisse in unendlichen oder halbunendlichen Körpern. Von NEWMAN und RAJU [113] wird eine Näherungslösung für Oberflächenrisse in endlichen ungekerbten Strukturen angegeben (Anhang A.6). Diese schließt auch Biegebeanspruchung mit ein, womit der

Spannungsintensitätsfaktor auch für Risse bei inhomogener Beanspruchung abgeschätzt werden kann.

Soll für beliebige Bauteile oder Probenformen die Dauerfestigkeit σ_{DK} mit der bruchmechanischen Stützziffer berechnet werden, wird es unumgänglich einen Riss der Größe a_0 direkt in der zu bewertenden Stelle, meist dem Kerbgrund, zu modellieren und so die Rissbeanspruchung zu berechnen. Mit diesem Kapitel soll dazu eine Verfahrensweise aufgezeigt werden. Das beinhaltet grundsätzliche Überlegungen, wie die Festlegung auf eine Rissgeometrie und den zu bewertenden Ort entlang der Rissfront. Weiterhin werden die praktischen Probleme bei der Rissmodellierung behandelt. Abschließend erfolgt eine Diskussion der Anwendungsgrenzen des Verfahrens.

3.2 Vorbetrachtungen und Festlegungen

3.2.1 Berechnung der Rissbeanspruchung

Die Berechnung der bruchmechanischen Stützziffer erfolgt auf Grundlage der linear-elastischen Bruchmechanik. Damit wird die Gültigkeit der diese begrenzenden Voraussetzungen unterstellt. Das betrifft zunächst die Forderung nach linear-elastischem Materialverhalten. Dies ist gewährleistet, da die für die Stützziffer relevanten Beanspruchungen im Bereich der Dauerfestigkeit besonders für spröde Werkstoffe wie Sinterstahl als elastisch angenommen werden können [30, 111, 114]. Davon wird in dieser Arbeit auch näherungsweise im Beanspruchungsfeld scharfer Kerben ausgegangen. Weiterhin wird die Existenz eines K-dominierten Feldes, welches die Vorgänge der inelastischen Zone bestimmt, vorausgesetzt. Das bedeutet, dass die plastische Zone klein sein muss im Vergleich zum K-dominierten Feld und der Risslänge. Auf diese Forderung wird in Abschnitt 3.4 bei der Diskussion der Anwendungsgrenzen nochmals gesondert eingegangen. Außerdem wird noch die kontinuumsmechanische Beschreibbarkeit der Beanspruchungsgrößen vorausgesetzt. Mit der Risslänge a_0 wird der Übergang von mikrostrukturell bestimmten Mikrorissen zu kontinuumsmechanisch beschreibbaren Makrorissen markiert. Das bedeutet, die zu bewertenden Risse der Größe a_0 erfüllen gerade diese Voraussetzung.

Die Beanspruchungsparameter für einen Riss bei linear-elastischer Beanspruchung sind die Spannungsintensitätsfaktoren der drei Rissöffnungsmodi und die Energiefreisetzungsrate in Form von G oder J (vgl. Abschnitt 2.6.1). Zu deren Bestimmung mittels Finite-Elemente-Methode existieren verschiedene Techniken. Eine direkte Berechnung der Rissbeanspruchungen ist aufgrund des singulären Spannungsfeldes nicht möglich. Unter Verwendung von Gl. (2.46) kann die Bestimmung des Spannungsintensitätsfaktors durch Extrapolation des die Rissspitze umgebenden Spannungsfeldes erfolgen. Dabei ist eine sehr feine Vernetzung erforderlich um die Feldgrößen innerhalb der zu extrapolierenden Nahfeldlösung ausreichend genau zu berechnen. Der nötige Vernetzungsaufwand ergibt sich aus der Definition des Nahfeldbereiches: $r \ll a$. Eine deutlich genauere Lösung kann unter der Verwendung von Elementen, welche die $1/\sqrt{r}$-Singularität entlang der Rissfront abbilden können, erzielt werden. Dazu zählen zum Beispiel sog. modifizierte isoparametrische Elemente. Als isoparametrisch werden Elemente beschrieben, bei denen sowohl für die Geometrie als auch für die Verschiebungen die gleiche Interpolationsfunktion verwendet wird [115]. HENSHELL und SHAW [116] sowie BARSOUM [117] haben gezeigt, dass durch Verschieben der Mittelknoten eines quadratischen, isoparametrischen Elements auf die Viertelposition für alle auf die Rissspitze zulaufenden Elementkanten die $1/\sqrt{r}$-Singularität entlang der Kanten, an den die Verschiebung durchgeführt wurde, erhalten wird. Diese Art der Berechnung des Spannungsintensitätsfaktors hat allerdings im Vergleich zu dem effektiveren Energiefeldverfahren, z. B. über das J-Integral, Nachteile. Mit der FEM wird die Energie der zu berechnenden Struktur am genauesten abgebildet. Diese wird bei diesen Verfahren direkt ausgewertet. Damit wird bei gleicher Netzfeinheit ein genaueres Ergebnis erzielt. Außerdem ist die Verwendung spezieller Elemente für die Rissfront nicht zwingend. Weitergehende Ausführungen zur numerischen Berechnung von Rissbeanspruchungen mittels FEM sind z. B. sehr ausführlich bei KUNA [118] zu finden.

Die Berechnung der Spannunsgintensitätsfaktoren kann mit vergleichsweise geringem Aufwand über das J-Integral erfolgen. Mit dem FEM Programmpaket ANSYS wird der Wert für J nach der Domain Integral Method von SHIH et al. [119] berechnet. Dabei treten an Stelle des Linienintegrals bei ebenen Rissproblemen ein Flächenintegral und bei räumlichen Problemen ein Volumenintegral. Damit ist eine höhere Genauigkeit und einfachere Implementierung verbunden [120]. Im ebenen Fall unter elastischer Beanspruchung und lastfreien Rissflanken lautet die Domain Integral-Formulierung des J-Integrals:

$$J = \int_A \left(\sigma_{ij} \frac{\partial u_j}{\partial x_1} - U^* \delta_{1i} \right) \frac{\partial q}{\partial x_i} \, \mathrm{d}A. \tag{3.1}$$

Die Integration erfolgt über der von C_-, C_0, C_+ und Γ eingeschlossenen Fläche (Abb. 3.1). Die innere Kontur kann aus der Rissspitze bestehen. Entlang der Netzlinien, die im FE-Netz spinnennetzartig um die Rissspitze verlaufen, besteht die äußere Kontur. Die Wichtungsfunktion q kann z. B. vom Maximalwert 1 innerhalb und auf Γ auf den Wert 0 in den Bereichen außerhalb abfallen. Bei dreidimensionalen Risskonfigurationen wird im räumlichen Netz analog verfahren. Die J-Integralberechnung nach dem vorgestellten Verfahren ist in ANSYS über den Befehl *cint* implementiert.

Bei gemischter Beanspruchung mit Überlagerung verschiedener Beanspruchungsmodi (mixed mode loading) können die verschiedenen Spannungsintensitätsfaktoren mittels Mode separation nach BUI [121] berechnet werden. Kann das Verschiebungsfeld in einen symme-

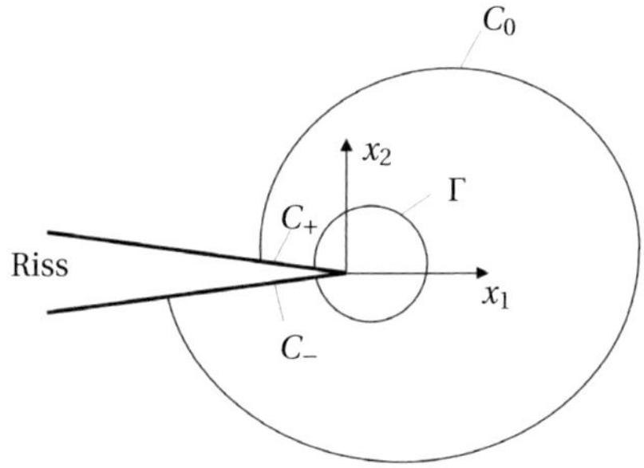

Abb. 3.1: Zur Anwendung der Domain Integral Method

trischen und einen antisymmetrischen Anteil $\vec{u} = \vec{u}_{\text{symm}} + \vec{u}_{\text{antisymm}}$ zerlegt werden, so trifft das auch für die Energiefreisetzungsrate zu. Das J-Integral wird dann zwei Mal ausgewertet: einmal mit dem symmetrischen Verschiebungsfeld für J_{I} und einmal mit dem antisymmetrischen für J_{II}. Die Integrale J_{I} und J_{II} sind die symmetrischen bzw. antisymmetrischen Anteile von J. Die Berechnung der Spannungsintensitätsfaktoren erfolgt dann mit

$$K_{\text{I}} = \sqrt{E' J_{\text{I}}} \quad \text{und} \quad K_{\text{II}} = \sqrt{E' J_{\text{II}}}. \tag{3.2}$$

3.2.2 Vernetzung entlang der Rissfront

Es ist vorteilhaft die Geometrie bereits bei der Erstellung für eine geeignete Vernetzung der Rissfront vorzubereiten (Abb. 3.2). Dafür werden entlang der Rissfront zwei konzentrische Kreise zu jeweils einem Torussegment ausgetragen. Die Mittelpunkte der Kreisprofile liegen auf der Rissfront. Die Torusmittelpunkte entsprechen wiederum dem Mittelpunkt der kreisförmigen Rissfläche. Der innere Torus dient zur Vernetzung der Rissspitzenelemente und damit der ersten Elementschicht entlang der Rissfront. Diese wird mit pentaedrischen Elementen quadratischer Ansatzfunktion vom Typ *Solid186* vernetzt (Abb. 3.3). Innerhalb des äußeren Torus folgen die weiteren Elementschichten mit entsprechenden Hexaederelementen. Diese Schichten bestehen jeweils aus Elementen gleicher Breite und bilden in der Schnittdarstellung das für die Rissvernetzung typische polare FE-Netz (Abb. 3.3 und Abb. 3.4). Die Breite der Elementschichten können mit steigendem Abstand zur Rissfront und damit zur Spannungssingularität vergrößert werden. Entlang der kreisförmig angeordneten Knoten wird über das J-Integral der Spannungsintensitätsfaktor ausgewertet. Der Integrationspfad erstreckt sich entlang der Knoten einer konzentrischen Kontur um einen Punkt der Rissfront. Dies ist entsprechend der Definition (Gl. (2.52)) wegunabhängig. Daher sollte entlang aller Integrationspfade der gleiche Wert erhalten werden. Darin liegt bereits eine

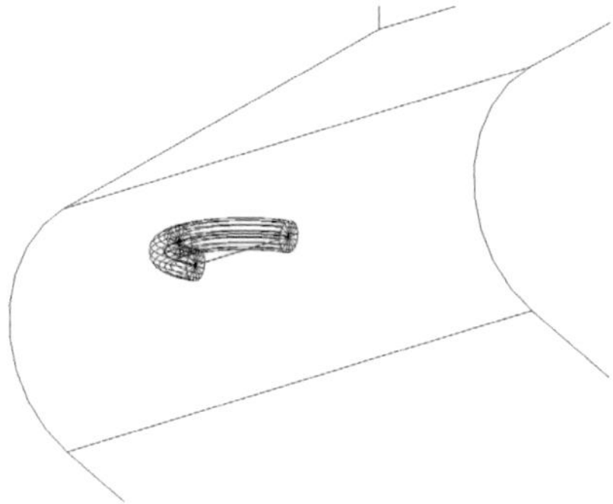

Abb. 3.2: Drahtdarstellung der Kerbe mit modelliertem Riss im Kerbgrund

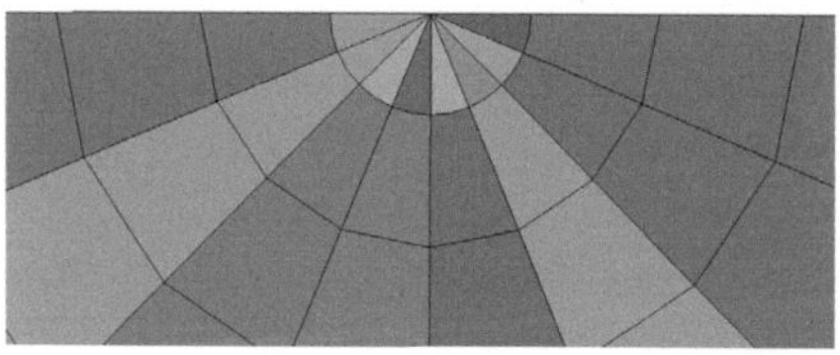

Abb. 3.3: Vernetzung der Rissspitze

Möglichkeit zur Bewertung der Netzgüte entlang der Rissfront. Die Wegunabhängigkeit ist bei ebenen Risskonfigurationen global gegeben. Bei der Berechnung des J-Integrals an einem Punkt der gekrümmten Rissfront einer räumlichen Risskonfiguration gilt dies nur bedingt. Mit zunehmendem radialen Abstand von der Rissfront nimmt die einem Integrationspfad zugeordnete Breite zu, was sich auch auf den Wert von J auswirkt. Daher sollte bei der Berechnung des J-Integrals der Radius der Integrationskontur möglichst klein gehalten werden. RIGBY and ALIABADI geben als Richtwert $r/a \leq 0{,}5$ an [122]. Gleichzeitig muss der Abstand zur Singularität an der Rissfront groß genug sein, um das Spannungsfeld möglichst fehlerfrei abbilden zu können.

Es sind mindestens ebenso viele konzentrische Elementschichten zu modellieren wie Integrationswege ausgewertet werden sollen. Durch die Verwendung des J-Integrals ist die Verwendung spezieller Rissspitzenelemente überflüssig, da die Auswertung im Abstand einiger Elementschichten erfolgen kann. Entlang der Netzfront wurde der körperoberflächennahe Teil am feinsten vernetzt, da die Rissbeanspruchungen an dieser Stelle zur Berechnung des bezogenen Spannungsintensitätsfaktors und damit der bruchmechanischen Stützziffer herangezogen werden. Außerdem ist an diesen Stellen der Gradient des Kerbspannungsfeldes (ohne Berücksichtigung des Risses) am größten.

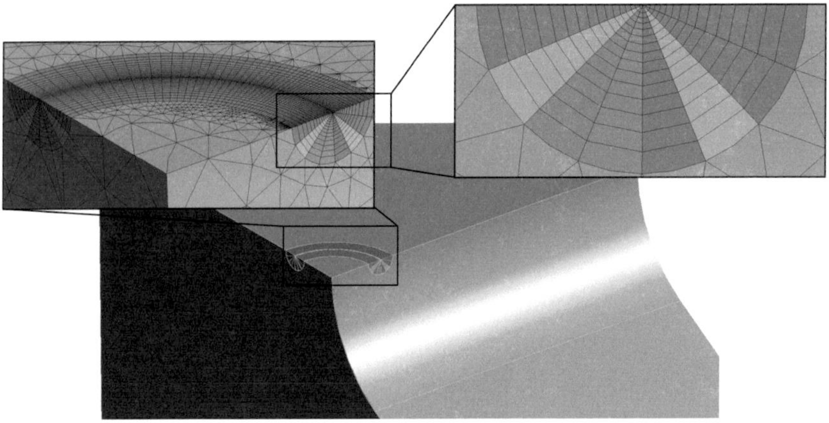

Abb. 3.4: Schlauchförmige Vernetzung der Rissfront

3.2.3 Beanspruchungsparameter

Die Berechnung der Spannungsintensitätsfaktoren der bruchmechanischen Stützzifferkonzepte in Abschnitt 2.6.4 erfolgt stets für den Rissbeanspruchungsmodus I. Dieser kennzeichnet die Rissspitzenbeanspruchung bei Zugbeanspruchung normal zur Rissebene. Für den Ermüdungsrissfortschritt und formal auch für die Risseinleitung ist i. A. eine Beschränkung auf den Modus I ausreichend, da das Ermüdungsrisswachstum bei einstufiger Belastung normalspannungsgesteuert erfolgt. Sofern keine Änderung der Belastungsrichtung vorliegt, stellt sich damit bei isotropen Werkstoffen eine Richtung ein, für die die Rissfront normal zur ersten Hauptspannung verläuft [17]. Darüber hinaus wird der Rissfortschritt unter den Modi II und III durch gegenseitige Reibung der gegenüberliegenden Rissoberflächen behindert.

Zunächst soll ein geeigneter Beanspruchungsparameter zur Formulierung der Stützziffer definiert werden. Die Formulierung der Stützziffer gemäß Gl. (2.64) erfordert die Berechnung der Geometriefunktion Y für die Werkstoffprobe, an der die Werkstoffdauerfestigkeit σ_{D} bestimmt wurde, und das Bauteil. Für Risse im homogenen Spannungsfeld ist diese eindeutig. Mit der homogenen Fernfeldspannung σ_{I}, welche somit der Nennspannung entspricht, wird die Geometriefunktion

$$Y = \frac{K_{\mathrm{I}}}{\sigma_{\mathrm{I}} \cdot \sqrt{\pi a}} \tag{3.3}$$

eindeutig bestimmt. Wird der Riss in einer axial belasteten finiten Scheibe als Querschnittsverminderung betrachtet, ist die Fernfeldspannung die auf den Bruttoquerschnitt bezogene Nennspannung. Dies ist in der Bruchmechanik üblich, wohingegen in der Kerbspannungslehre häufig die Nennspannung auf den geschwächten Querschnitt, i. e. den Nettoquerschnitt, bezogen wird. Soll die Geometriefunktion für Risse im Kerbgrund berechnet werden, sind drei verschiedene Möglichkeiten denkbar, die Spannung in der Bestimmungsformel Gl. (3.3) zu definieren. So kann die Nennspannung bezogen auf den Bruttoquerschnitt ohne Berücksichtigung von Kerbe und Riss verwendet werden. Ebenso ist der Bezug auf den Nettoquerschnitt unter Berücksichtigung der Kerbe und Vernachlässigung des Risses oder auf den Nettoquerschnitt unter Berücksichtigung von Kerbe und Riss denkbar.

Diese Probleme lassen sich umgehen, indem ein auf die Maximalspannung $\sigma_{\mathrm{I,max}}$ bezogener Spannungsintensitätsfaktor Ψ $\left[\sqrt{\mathrm{mm}}\right]$ eingeführt wird. Somit ist auch die Definition eines Bezugsquerschnittes überflüssig. Die Maximalspannung wird elastizitätstheoretisch an der zu bewertenden Stelle, meist dem Kerbgrund, berechnet. Dabei wird der Riss zunächst nicht mit berücksichtigt. In einem zweiten Schritt wird der Riss der Größe a_0 im Kerbgrund modelliert und die Rissbeanspruchung auf die zuvor berechnete Maximalspannung normiert:

$$\Psi_{\mathrm{I}} = \frac{K_{\mathrm{I}}\left(a_0\right)}{\sigma_{\mathrm{I,max}}}. \tag{3.4}$$

Damit kann die bruchmechanische Stützziffer mit der Bedingung gleicher Spannungsintensitätsfaktoren (Gl. (2.63)) aus den maximalen bezogenen Spannungsintensitätsfaktoren von Werkstoffprobe $\Psi_{\mathrm{I,max,0}}$ und an der zu bewertenden Stelle in Bauteil bzw. Probe $\Psi_{\mathrm{I,max,K}}$ berechnet werden:

$$n_{\mathrm{bm}} = \frac{\Psi_{\mathrm{I,max,0}}}{\Psi_{\mathrm{I,max,K}}}. \tag{3.5}$$

Der Wert des bezogenen Spannungsintensitätsfaktors ist charakteristisch für Material und Kerbe. Das Material wird in der Risslänge a_0 berücksichtigt, welche im Zusammenspiel mit der Kerbgeometrie bzw. dem kerbnahen Spannungsfeld die Größe des Spannungsintensitätsfaktors bestimmt. Die Maximalspannung wird a priori berechnet und ist nur von der rissfreien Bauteilgeometrie abhängig.

Mit dieser Formulierung wird die Anwendung auf beliebige Geometrien möglich. Die Definition einer Nennspannung ist überflüssig. Die Existenz einer Kerbe ist ebenfalls nicht notwendig, so dass auch die Biegedauerfestigkeit an ungekerbten Proben prinzipiell berechnet werden kann.

Wenn für eine Kerbprobe oder ein Bauteil σ_{DK} bekannt ist, kann mit Gl. (3.5) theoretisch auch eine Stützziffer zur Übertragung dieser Dauerfestigkeit auf eine andere Kerbform bestimmt werden. Ist die Referenzkerbe schärfer als die neu zu bewertende, sind auch Stützziffern mit $n_{\mathrm{bm}} < 1$ möglich.

Tab. 3.1: Verwendete Kerbformen für Voruntersuchungen zur Rissgeometrie

Formzahl K_t	bez. Spannungs-grad. χ' [mm^{-1}]	Kerbradius ρ [mm]	Kerbtiefe a_K [mm]	Probendicke d [mm]
1,00	0,00	∞	0	5
1,60	0,55	3	3	5
1,96	0,89	2	2	5
2,55	1,63	1	2	5
2,87	2,04	0,75	2	5
3,40	2,72	0,5	2	5
3,83	3,27	0,375	2	5
4,57	4,18	0,25	2	5

3.2.4 Rissgeometrie

Im Gegensatz zu ebenen Risskonfigurationen stellt sich für räumliche Oberflächenrisse die Frage der anzusetzenden Rissgeometrie. Um eine diesbezügliche Festlegung treffen zu können, wurden in einer Voruntersuchung halbelliptische Risse mit unterschiedlichen Halbachsenverhältnissen $a/b = 1$; $a/b = 4/5$ und $a/b = 2/3$ bei einer Risstiefe von $a = 0{,}8$ mm in verschieden scharfen Kerben und für den ungekerbten Fall untersucht. Die Beanspruchung entlang der Rissfront wurde mittels FEM berechnet. Das Modell bildete Kerbstäbe mit gegenüberliegenden identischen Außenkerben ab. Die Berechnung erfolgte unter Ausnutzung der 3-fach Symmetrie der Proben an einem 1/8-tel Modell. Das entspricht einem Riss in jeder der beiden gegenüberliegenden Kerben. Eine Prinzipskizze der Proben- und Rissgeometrie ist in Abb. 3.5 gezeigt. Die Abmessungen der verschiedenen Kerbformen sowie Formzahl und bezogener Spannungsgradient sind in Tab. 3.1 aufgelistet. Die angegebenen Werte für Formzahl und bezogenen Spannungsgradienten beziehen sich auf die Kerbgeometrie ohne Riss. Zunächst soll der Fall eines Risses in einer ungekerbten Probe unter Zugbeanspruchung betrachtet werden. Dann ist die Spannungsverteilung ohne den Riss homogen. In Abb. 3.6 ist der Beanspruchungsverlauf entlang der Rissfront für die verschiedenen Halbachsenverhältnisse dargestellt. Da der Riss und die Beanspruchung über der Rissbreite symmetrisch sind, erfolgt die Darstellung nur für die halbe Rissfront $0 \le s/s_{max} \le 0{,}5$. Wie in Abb. 3.5 ersichtlich, liegt $s/s_{max} = 0$ an der Bauteiloberfläche und $s/s_{max} = 0{,}5$ in der Mitte der Rissfront an der tiefsten Stelle des Risses im Bauteil. Dazu lassen sich folgende für Oberflächenrisse im homogenen Spannungsfeld verallgemeinerungsfähige Feststellungen treffen.

- Die maximale Rissbeanspruchung tritt bei halbkreisförmigen Rissen stets nahe der Körperoberfläche auf.

- Mit kleiner werdendem Ellipsenhalbachsenverhältnis a/b bleibt der bezogene Spannungsintensitätsfaktor am Rand nahezu konstant.
- Die Beanspruchung in der Rissmitte (i.e. mit der größten Entfernung zur Körperoberfläche) steigt mit kleiner werdendem Ellipsenhalbachsenverhältnis stark an und übersteigt ab einem gewissen Punkt das oberflächennahe Maximum.

Das weitere Ermüdungsrisswachstum halbkreisförmiger Risse wird in dieser Konfiguration zu näherungsweise elliptischen Rissen mit Halbachsenverhältnissen $a/b < 1$ führen, da zu-

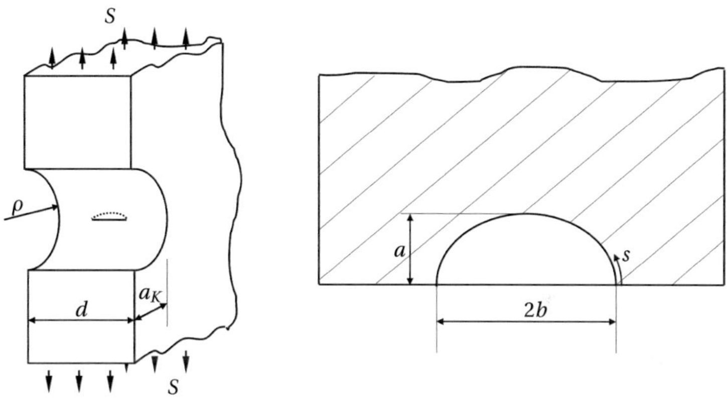

Abb. 3.5: Untersuchte Kerbform, Rissgeometrie

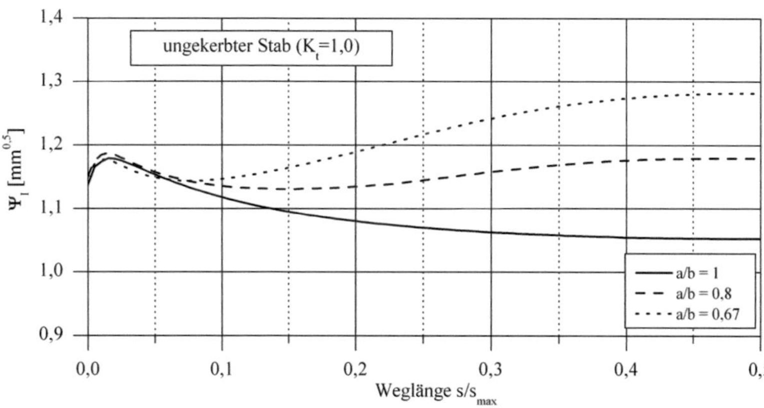

Abb. 3.6: Verlauf des bezogenen Spannungsintensitätsfaktors entlang der halbelliptischen Rissfront für verschiedene Halbachsenverhältnisse (Symmetriehälfte dargestellt)

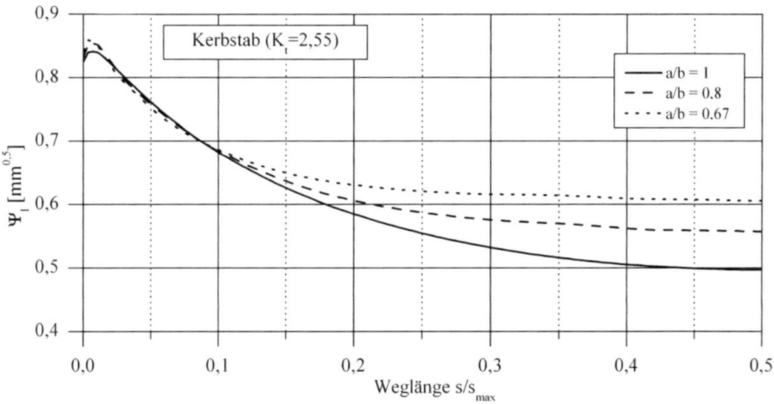

Abb. 3.7: Verlauf des bezogenen Spannungsintensitätsfaktors entlang der halbelliptischen Rissfront für verschiedene Halbachsenverhältnisse (Symmetriehälfte dargestellt)

nächst die Beanspruchung und damit der Rissfortschritt an der Körperoberfläche am größten ist. Ab einem gewissen Ellipsenhalbachsenverhältnis ist die Beanspruchung in die Tiefe und in die Breite gleichgroß und das Risswachstum würde in beiden Halbachsenrichtungen vergleichbar ausfallen. Ein besonderes Problem stellt der oberflächennahe Bereich der Rissfront dar. Hier fällt die mit FE-Analyse berechnete Rissfrontbeanspruchung wieder leicht ab. Darauf wird in Abschnitt 3.2.5 nochmals gesondert eingegangen. Die Annahme von halbelliptischen Rissen mit ebenen Rissflanken ist eine starke Vereinfachung der Geometrie von realen Ermüdungsrissen.

Die für die bruchmechanische Stützziffer verwendeten Risse der Größe a_0 repräsentieren lediglich die Größe einer nicht weiter definierten, mikrostrukturell begründeten Grenzrisslänge. Ihre Form entspricht damit nicht zwingend jener realer Ermüdungsrisse. Die Risse stellen lediglich ein Modell dar, um die Grenze zwischen Mikro- und Makrorisswachstum zu beschreiben. Das Ziel besteht in der Bestimmung der Beanspruchungsgrenze, unterhalb der es nicht zum fortgesetzten Ermüdungsrisswachstum kommen kann. Welche Geometrie ein solcher repräsentativer Riss konkret besitzt, ist im Bezug auf ungekerbte Proben letztendlich beliebig.

Bei gekerbten Proben, in denen Ermüdungsrisse in einem gradientenbehafteten Kerbspannungsfeld verlaufen, unterscheidet sich der Beanspruchungsverlauf entlang der Rissfront zur vorangegangenen Betrachtung homogener Spannungsfelder. Beispielhaft ist in Abb. 3.7 der Verlauf des bezogenen Spannungsintensitätsfaktors entlang der Rissfront für einen Riss in einer Kerbe mit $K_t = 2{,}55$ für drei unterschiedliche Halbachsenverhältnisse dargestellt. In diesem Fall tritt die maximale Beanspruchung für alle drei Rissgeometrien an der Körperoberfläche auf. Auch hier kann festgestellt werden, dass dieses Maximum nahezu unabhängig von der Rissgeometrie ist. Mit fallendem Ellipsenhalbachsenverhältnis steigt die Beanspruchung in der Rissmitte ($s/s_{max} = 0{,}5$) an. Für die untersuchten Fälle wird das oberflächennahe Maximum jedoch nicht übertroffen. Das ist durch die Spannungskonzentration im Kerbgrund und somit an der Körperoberfläche bedingt. Dahinter fällt die Kerbbeanspruchung stark ab, womit auch die Rissbeanspruchung in der Rissmitte niedriger als im homogenen Spannungsfeld ausfällt.

Aufgrund der dargelegten Beispielfälle wird die Festlegung getroffen die Risse der Größe a_0 als halbkreisförmige Risse zu modellieren. Das lässt sich folgendermaßen begründen. Sollen die Rissbeanspruchungen in unterschiedlichen Kerben miteinander verglichen werden, um die Stützziffer zu berechnen, ist es notwendig die Maxima beider Fälle ins Verhältnis zu setzten. Das erscheint jedoch nur widerspruchsfrei möglich, wenn die Orte der Maxima an der gleichen Stelle der Rissfront liegen. In Kerben ist das der oberflächennahe Bereich, in dem auch die maximale rissfrei berechnete Spannung auftritt. Für die zum Vergleich herangezogene Rissbeanspruchung im homogenen Spannungsfeld kommen daher nur Halbkreisrisse oder halbelliptische Risse mit einem Halbachsenverhältnis nahe eins in Betracht. Das kann weiterhin auch damit gerechtfertigt werden, dass sich die Maxima der Beanspruchung nahe der Körperoberfläche bei den untersuchten Ellipsenhalbachsenverhältnissen kaum unterscheiden. In der Rissmitte ($s/s_{max} = 0{,}5$) hingegen sind die Rissbeanspruchungen stark von der Rissfront abhängig. Aus diesen Betrachtungen heraus erscheint es plausibel und vertretbar zur Berechnung der bruchmechanischen Stützziffer generell Halbkreisrisse zu verwenden und die Maxima an der Oberfläche ins Verhältnis zu setzen.

Zur Abschätzung der Auswirkung dieser pauschalen Festlegung der Rissgeometrie wurden die Stützziffern für alle Kerbgeometrien aus Tab. 3.1 bezogen auf die ungekerbte Geometrie nach Gleichung (3.5) mit $a_0 = 0{,}8$ mittels FE-Rechnung bestimmt. Das beinhaltete die Modellierung von 24 verschiedenen Risskonfigurationen (8 Kerbformen und 3 Rissgeometrien). Die Ergebnisse sind in Abb. 3.8 als Stützziffern über dem bezogenen Spannungsgradienten der jeweiligen Proben dargestellt. Für das Ellipsenhalbachsenverhältnis $\frac{a}{b} = 0{,}67$ wurde stets das oberflächennahe (lokale) Maximum des Beanspruchungsverlaufes entlang der Rissfront als Vergleichswert gewählt. Der größere Wert Ψ_I an der tiefsten Stelle des Risses bei $s/s_{max} = 0{,}5$ wurde aufgrund der vorangegangenen Überlegungen nicht mit berücksichtigt. Für milde Kerben ist der Unterschied in den Stützziffern gering, steigt aber mit zunehmender Kerbschärfe an.

3.2.5 Einfluss der Vernetzungsgüte

Weiterhin wurde die notwendige Netzfeinheit zur korrekten Berechnung der Rissbeanspruchung untersucht. Die Berechnungen des vorangegangenen Abschnitts 3.2.4 wurden bereits unter Berücksichtigung der im Folgenden erörterten Ergebnisse zur notwendigen Vernetzungsgüte entlang der Rissfront angestellt. In diesem Abschnitt wird daher unter Berücksichtigung der in 3.2.4 getroffenen Festlegung der anzusetzenden Rissgeometrie nur auf kreisförmige Rissgeometrien eingegangen. Als Referenzlösung zur Überprüfung der Netzfeinheit der in dieser Arbeit durchgeführten Berechnungen wird eine Abschätzformel von NEWMAN und RAJU für halbelliptische Oberflächenrisse in Platten unter Zug- und Biegebeanspruchung [113] verwendet. Abhängig von Risstiefe a, Rissbreite $2b$ sowie Breite $2c$ und Dicke t der Platte wird in analytischer Form den Spannungsintensitätsfaktor K_I abhängig von dem die Rissfront beschreibenden Winkel ϕ angegeben:

$$K_\mathrm{I} = \left(\sigma_\mathrm{Zug} + M^* \cdot \sigma_\mathrm{Biegung}\right) \cdot \frac{1}{\Phi} \sqrt{\pi a} \cdot F\left(\frac{a}{b}; \frac{a}{h}; \frac{b}{l}; \phi\right) \tag{3.6}$$

Der Formelsatz zur Berechnung der Spannungsintensitätsfaktoren für die Referenzlösung ist in Anhang A.6 aufgeführt. Die angegebene Beziehung ist eine Näherung auf der Grundlage von FE-Berechnungen.

Zur Untersuchung der notwendigen Netzgüte wurde die Referenzlösung Gl. (3.6) nachgerechnet. Als Vergleichskonfiguration wurde eine Platte unter Zugbeanspruchung mit den Abmessungen $a = b = 1$ mm, $t = 5$ mm und $b = 15$ mm gewählt. Die sich dafür ergebenden Rissbeanspruchungen wurden mit Netzen unterschiedlicher Feinheit berechnet. Dafür

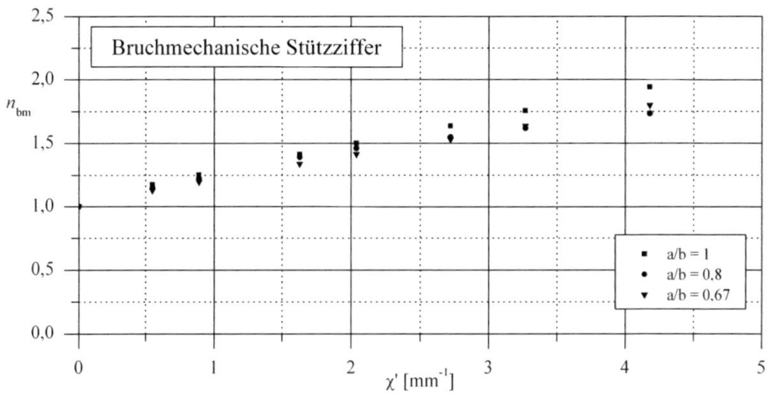

Abb. 3.8: Vergleich der bruchmechanischen Stützziffer anhand halbelliptischer Oberflächenrisse für verschiedene Ellipsenhalbachsenverhältnisse

wurde das Verhältnis e/a, i. e. das Verhältnis der Dicke einer Elementschicht zum Rissradius, variiert. In Abb. 3.9 ist die Vernetzung des nachgerechneten Referenzbeispiels aufgezeigt. Die Ergebnisse sind in Abb. 3.10 dargestellt. Während die Referenzlösung das Maximum des Spannungsintensitätsfaktors am Rand der Rissfront an der Bauteiloberfläche nahe ($s/s_{max} = 0$ bzw. 1) vorgibt, liegt es bei den hier durchgeführten FE-Rechnungen kurz vor der Körperoberfläche und fällt danach zur Oberfläche hin ab. An diesen Stellen tritt ein dem ESZ ähnlicher Spannungszustand auf. Die Singularität an der Rissfront ist dann nicht mehr vom Typ $1/\sqrt{r}$ und das auf Grundlage dieser Annahme ermittelte Ergebnis ist fehlerhaft. Eine Möglichkeit dieses Problem zu umgehen, bestünde in in einer linearen Extrapolation des Beanspruchungsverlaufs entlang der Rissfront über das oberflächennahe, lokale Maximum hinaus. Der Vergleich mit der Referenzlösung in Abb. 3.10 zeigt jedoch, dass das berechnete lokale Maximum hinter der Körperoberfläche mit der maximalen Beanspruchung direkt an der Körperoberfläche der Referenzlösung übereinstimmt. Eine Extrapolation würde in diesem Fall zur Überbewertung der Rissbeanspruchung führen. Die bruchmechanische Stützziffer wird aus dem Verhältnis der maximalen Rissbeanspruchungen in der Werkstoffprobe und in der Kerbe berechnet. Dabei ist der Unterschied für die berechnete Stützziffer vernachlässigbar, wenn die berechneten Maxima oder die extrapolierten Maxima der Risse in Kerbe und Werkstoffprobe verwendet werden. Aufgrund des geringeren Aufwandes und der guten Übereinstimmung mit der Referenzlösung wurden die Stützziffern in dieser Arbeit aus den Maxima ohne Extrapolation berechnet.

Unabhängig vom Ort stimmen die Beträge der Maxima der Beanspruchungsverläufe sehr gut überein. Für die feinste Vernetzungsvariante mit $\frac{e}{a} = 0{,}0125$ beträgt der Unterschied der Maxima 0,194 %. Bereits mit der gröbsten Vernetzungsvariante $e/a = 0{,}1$ wird der Maximalwert $\Psi_{I,max}$ mit einem Unterschied von 1,04 % gut getroffen. Bei sehr feiner Vernetzung mit

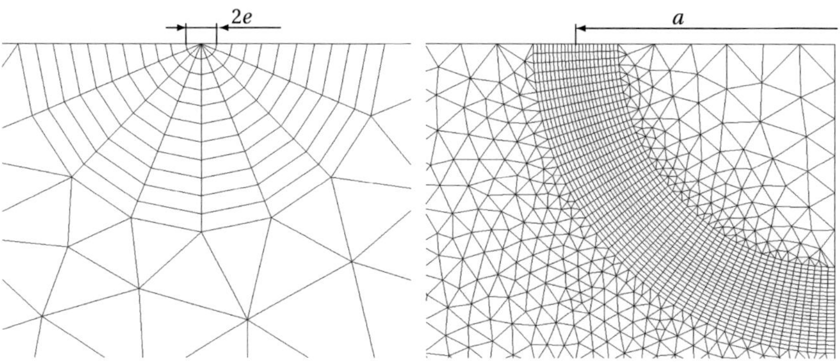

Abb. 3.9: Vernetzung entlang der Rissfront

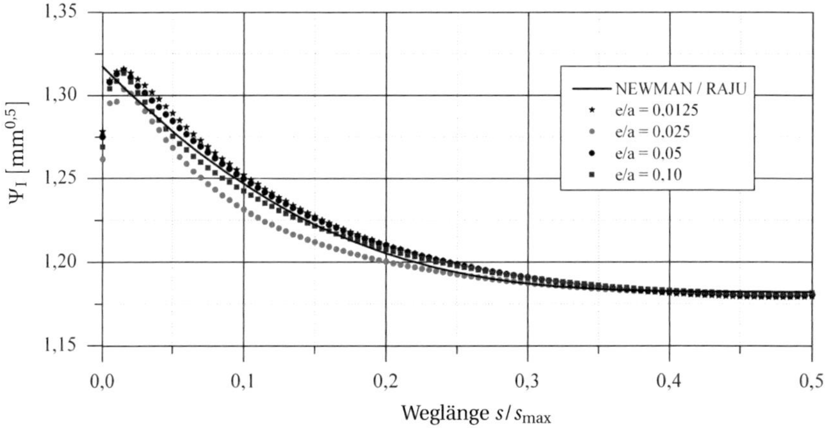

Abb. 3.10: Einfluss der Netzgüte auf die berechnete Rissbeanspruchung

sehr schmalen Elementschichten um die Rissfront ist es möglich, dass noch mehrere Elementbreiten hinter der Singularität der Rissfront der numerische Fehler in den berechneten Spannungen zu groß ist. Fällt die äußere Kontur des Integrationsbereiches zur Berechnung des J-Integrals nach Gl. (3.1) in diesen Bereich, ist die Berechnung nicht exakt. In Abb. 3.11 ist die berechnete Rissbeanspruchung entlang der Rissfront dargestellt, die mit äußeren Integrationskonturen verschiedener Abstände ermittelt wurden. Dafür wurde dieselbe Riss- und

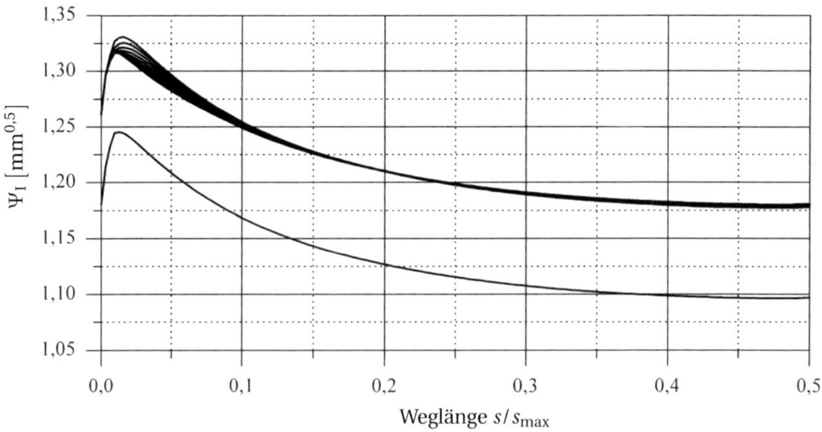

Abb. 3.11: Prinzipieller Einfluss des Abstandes der Integrationskontur für die Bestimmung von J zur Rissfront auf berechnete Rissbeanspruchung

Kerbgeometrie wie in Abb. 3.10 und mit $e/a = 0{,}0125$ die feinste Vernetzungsvariante verwendet. Der Verlauf mit der niedrigsten Rissbeanspruchung ist mit den äußeren Knoten der Rissspitzenelemente und damit dem geringsten möglichen Abstand zur Rissspitze berechnet worden. Die Integrationskontur mit zweitgeringstem Abstand zur Rissfront ergab den Verlauf mit dem betragsmäßig höchsten Maximum. Mit weiter steigender Entfernung zur Rissfront verlagern sich die Maxima wieder leicht nach unten bis die Verläufe schließlich in einem Verlauf konvergieren. Erst in diesem Bereich ist die Integrationspfadunabhängigkeit bei der Berechnung des J-Integrals gewährleistet.

Typische Kerbspannungsfelder lassen sich mit der verwendeten Referenzlösung aus Gl. (3.6) allerdings nicht abbilden. Anhand des Biegemoments lässt sich lediglich ein inhomogener Spannungszustand mit linear abfallender Nennspannung abbilden. Bei den in dieser Arbeit durchgeführten Rissbeanspruchungsrechnungen im Kerbgrund wurden stets zwei Kriterien für die Qualität der Netzgüte untersucht. Das war zum einen die Konvergenz der Lösung im Vergleich zu einer bei feinerer Vernetzung erstellten Lösung. Zum anderen wurde das J-Integral stets entlang mehrerer Konturen um die Rissspitze berechnet und das Ergebnis auf Unabhängigkeit vom Integrationsweg untersucht.

3.3 Praktische Umsetzung

3.3.1 Rissmodellierung

Zur Berechnung der bezogenen Spannungsintensitätsfaktoren für die Werkstoffprobe und das Bauteil, $\Psi_{\mathrm{I,max,0}}$ bzw. $\Psi_{\mathrm{I,max,K}}$, muss ein halbkreisförmiger Oberflächenriss der Größe a_0 an der zu bewertenden versagenskritischen Stelle modelliert werden. Das erfolgt anhand von zwei Kriterien:

1. Der Mittelpunkt des halbkreisförmigen Risses ist der Ort der maximalen Spannung.
2. Die Rissebene liegt normal zur ersten Hauptspannung an dieser Stelle.

Das bedeutet, das Material wird an dieser Stelle aufgetrennt und die Rissflanke verläuft kreisförmig mit einem Abstand vom Radius $r = a_0$ um den Mittelpunkt. Damit sind Ort und Lage eindeutig beschrieben. In Abb. 3.12 ist beispielhaft eine Außenkerbe in einem Probestab mit Richtung und Maximalwert der ersten Hauptspannung dargestellt. Eine Besonderheit stellen symmetrische Kerbproben dar. Im Fall einer Lochscheibe oder einer beidseitig außengekerbten Probe liegen zwei identisch beanspruchte versagenskritische Stellen gegenüber. In diesen Fällen muss der Riss der Größe a_0 an beiden Stellen modelliert werden. Das ergibt sich zwangsläufig, wenn die rissbehafteten Bauteile als Symmetriemodelle berechnet werden. Werkstoffproben sind in jedem Fall symmetrisch. Für diese ist daher immer mit

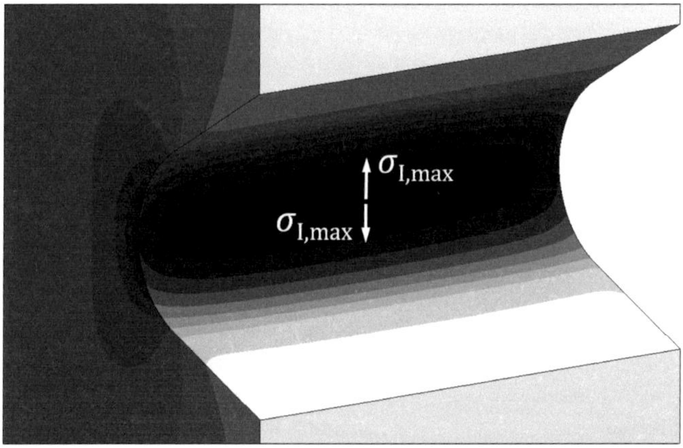

Abb. 3.12: Ort und Richtung der maximalen ersten Hauptspannung als Halbkreismittelpunkt des zu modellierenden Risses

zwei Rissen zu rechnen. Tritt wie im Fall von Flachbiegebeanspruchung bei Kerbstäben das Spannungsmaximum an einer Kante auf, so geht der halbkreisförmige Oberflächenriss in eine Viertelkreisform über. Entsprechend kann sich bei kantennahen Spannungsmaxima auch eine Rissform zwischen einem Halb- und einem Viertelkreis ergeben. Die einzige Festlegung bezüglich der Form des Risses besteht im konstanten Krümmungsradius a_0 der Rissfront und dem Mittelpunk dieses Kreises bei $\sigma_{I,max}$.

3.3.2 Bestimmung von a_0

Bevor die Rissmodellierung im Bauteil erfolgen kann, muss die Rissgröße a_0 ermittelt werden. Diese hängt neben den Materialparametern σ_D und $\Delta K_{I,th}$ von der Geometrie der Werkstoffprobe ab, mit welcher die Werkstoffdauerfestigkeit bestimmt wurde. Da a_0 a priori nicht bekannt ist, muss zunächst der Verlauf $\Psi_{I,max}(a)$ bestimmt werden. Dabei kann $\Psi_{I,max}$ für verschiedene Risslängen mittels FEM berechnet werden und der Zusammenhang mit einer Ausgleichsfunktion analytisch beschrieben werden. Die Größenordnung von a_0 kann z.B. nach Gl. (2.66) mit einem konstanten Y_0 für halbkreisförmige Oberflächenrisse abgeschätzt werden. In Abb. A.7 ist der Verlauf $\Psi_I(a)$ für die in der Datenbasis verwendete ungekerbte Werkstoffprobe Ktz10 abgebildet (siehe Abschnitt 4.1, Abb. 4.1).

Im Intervall zwischen 0,05 mm $\leq a \leq$ 1,8 mm kann die Abhängigkeit des maximalen bezogenen Spannungsintensitätsfaktors von der Risslänge beispielsweise in dimensionsloser Form ($\tilde{a} = a/\text{mm}$; $\tilde{\Psi} = \Psi/\sqrt{\text{mm}}$) mit

$$\tilde{\Psi}_{\mathrm{I,max,0}}(\tilde{a}) = -0{,}3118\tilde{a}^6 + 1{,}9978\tilde{a}^5 - 5{,}0395\tilde{a}^4 + 6{,}5994\tilde{a}^3 - 4{,}9566\tilde{a}^2 + 2{,}8710\tilde{a} + 0{,}1642 \quad (3.7)$$

approximiert werden. Damit kann a_0 für ein konkretes Material iterativ aus

$$\Psi_{\mathrm{I,max,0}}(a_0) = \frac{\Delta K_{\mathrm{I,th}}}{2 \cdot \sigma_{\mathrm{D}}} \quad (3.8)$$

bestimmt werden. Die Abhängigkeit des Wertes a_0 von der Probengeometrie zeigt sich erst, wenn dieser nicht mehr viel kleiner als die restlichen Probenabmessungen ist. Für sehr kleine a_0 verhält sich der Riss in der Werkstoffprobe wie ein Oberflächenriss im Halbraum. Für diesen Fall gilt an der maximal beanspruchten Stelle der Rissfront, welche an der Oberfläche des Halbraumes liegt, $Y_0 = 0{,}728$ [73, 113]. Mit dieser konstanten von der Risslänge unabhängigen Geometriefunktion wird aus Gl. (3.7) und (3.8):

$$\Psi_{\mathrm{I,max,0}}(a_0) = \sqrt{\pi \cdot a_0} \cdot Y_0 = \frac{\Delta K_{\mathrm{I,th}}}{2 \cdot \sigma_{\mathrm{D}}}, \quad (3.9)$$

womit a_0 direkt und damit analog zu Gl. (2.66) bestimmt werden kann. Der Unterschied zwischen den nach Gl. (3.9) bzw. Gl. (3.8) und (3.7) berechneten Rissgrößen a_0 ist in Abb. 3.13 ersichtlich. Die Werte stimmen für kleine Rissgrößen überein und divergieren mit größer werdendem Verhältnis von Rissgröße zu den Probenabmessungen. Mit den typischen Werten für a_0 bei Sinterstählen (angegeben in Kapitel 4, Tab. A.4) zwischen $a_0 = 0{,}5$ und $a_0 = 1{,}68$

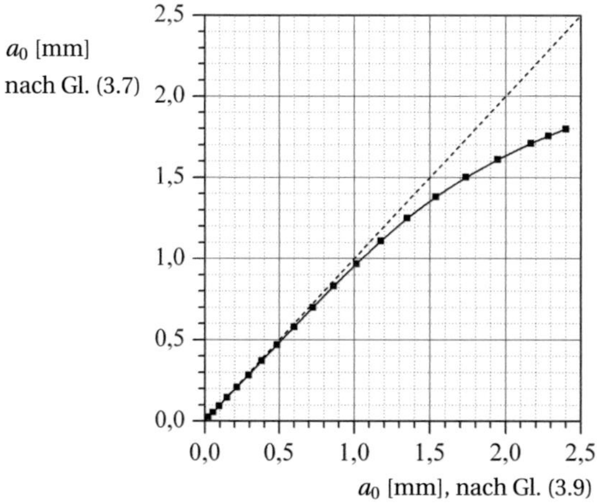

Abb. 3.13: Einfluss der finiten Probengeometrie auf die Rissgröße a_0

wird ersichtlich, dass die Probengeometrie bei der Ermittlung von a_0 hier nicht vernachlässigt werden kann. Für Werkstoffe mit kleinen a_0, wie höherfeste Stähle, kann ohne Genauigkeitsverlust mit $Y_0 =$ konst. nach Gl. (3.9) gerechnet werden.

3.3.3 Berechnung der Stützziffer

Im Folgenden werden die vorangegangenen Punkte zusammengefasst und damit die notwendigen Schritte zur Berechnung der bruchmechanischen Stützziffer mittels 3D-Rissmodellierung nochmals aufgezeigt:

1. Ermittlung der Werkstoffkennwerte σ_D und $\Delta K_\mathrm{I,th}$,
2. Bestimmen des Zusammenhangs $\Psi_\mathrm{I,max}(a)$ für die verwendete Werkstoffprobe,
3. Berechnung von a_0, womit auch $\Psi_\mathrm{I,max,0}(a_0)$ bekannt ist,
4. Modellierung eines Risses mit dem Radius a_0 an der versagenskritischen Stelle des zu bewertenden Bauteils und Berechnung von $\Psi_\mathrm{I,max,K}(a_0)$ und
5. Berechnung der bruchmechanischen Stützziffer

$$n_\mathrm{bm} = \frac{\Psi_\mathrm{I,max,0}}{\Psi_\mathrm{I,max,K}}$$

sowie der Bauteildauerfestigkeit

$$\sigma_\mathrm{DK} = n_\mathrm{bm} \cdot \sigma_\mathrm{D}.$$

3.4 Anwendungsgrenzen

Das in diesem Kapitel vorgestellte Verfahren zur Berechnung der bruchmechanischen Stützziffer beruht auf der Anwendbarkeit der linear-elastischen Bruchmechanik. Deren Grenzen stellen auch die Schranken dieses Stützzifferkonzepts dar. Bei spröden Werkstoffen wie Sinterstählen treten bei zyklischer Beanspruchung fast ausschließlich elastische Verformungen auf. Für Beanspruchungen im Bereich der Dauerfestigkeit wird davon auch im Kerbgrund ausgegangen. Werkstoffe mit großer zyklischer Plastizität, wie niedriglegierte Baustähle, zeigen dagegen bereits auch auf Höhe der Dauerfestigkeit elastisch-plastische Kerbgrundbeanspruchungen. In diesen Fällen ist die Rissbeanspruchung ebenfalls mit elastisch-plastischer Bruchmechanik und damit einem erheblich größerem Aufwand zu berechnen. Allerdings lässt sich die Kerbwirkung bei duktilen Werkstoffen zum großen Teil mit der Makrostützwirkung nach NEUBER begründen, wie dies auch im Örtlichen Konzept geschieht.

Die Bedingung des Kleinbereichsfließens mit der Forderungen nach kleinen plastischen Zonen $r^{\mathrm{pl}} \ll r^{\text{K-dom.}} \ll a$ ist gesondert zu untersuchen. Die Größe der plastischen Zone kann nach IRWIN (zitiert z. B. in [68]) aus dem Spannungsintensitätsfaktor und der Fließspannung σ_{F} mit

$$r^{\mathrm{pl}} \approx \frac{1}{2\pi}\left(\frac{K_{\mathrm{I}}}{\sigma_{\mathrm{F}}}\right)^2 \tag{3.10}$$

abgeschätzt werden. Unter Verwendung von $K_{\mathrm{I}} = \Delta K_{\mathrm{I,th}}$ (bei $R = 0$) und der zyklischen Fließgrenze $\sigma_{\mathrm{F}} \approx R'_{\mathrm{p}\,0,2}$ wurde die Größe der plastischen Zone für die Werkstoffe der in Abschnitt 4.1 vorgestellten Datenbasis nach Gl. (3.10) überschlagen. Dabei ergaben sich Verhältnisse a_0/r^{pl} von lediglich 3,5 bis 8,5. Das stellt eine Verletzung der Voraussetzungen für die Anwendbarkeit der LEBM dar. Der Anwendung des vorgestellten Konzepts und auch aller anderen bruchmechanischen Konzepte liegt demnach die Annahme zugrunde, dass die LEBM dennoch in guter Näherung zur Berechnung der Rissbeanspruchungen verwendet werden kann. Das gilt für Sinterstähle und besonders auch für erschmolzene Stähle, welche noch viel kleinere Werte für a_0 aufweisen können.

Ein weiterer Aspekt betrifft mehrachsige Spannungszustände. Ist die 1. Hauptspannung größer als die 2., ist die Lage des zu modellierenden Risses eindeutig bestimmt. Bei Torsionsbeanspruchung an einer ungekerbten Welle stößt das Verfahren an seine Grenzen. Innerhalb eines Lastwechsels (bei $R = -1$) ändert sich die Richtung der ersten Hauptspannung um 90°. Damit existieren 2 mögliche Lagen für den Vergleichsriss der Größe a_0.

Der Aufwand zur Berechnung des bezogenen Spannungsintensitätsfaktors nimmt mit zunehmender Kerbschärfe zu. So kann zur Berechnung der maximalen Beanspruchung ohne Riss bei sehr scharfen Kerben bereits eine feine Vernetzung unter Verwendung der Submodelltechnik notwendig werden. Mit der Berücksichtigung des Risses steigt der Aufwand nochmals stark. Beim Übergang von scharfen auf rissartige Kerben tritt allerdings nicht das Paradoxon auf, einen Riss im Riss modellieren zu müssen, da diese Kerben dann selbst als Riss bruchmechanisch bewertet werden können (vgl. Abschnitt 2.6.4.5, Abb. 2.13).

4 Validierung anhand einer Datenbasis für Sinterstähle

4.1 Datenbasis

Zur Validierung der verschiedenen Stützzifferkonzepte werden die rechnerisch abgeschätzten Dauerfestigkeiten den experimentell ermittelten gegenübergestellt. Als Datenbasis liegen die LBF-Berichte 158 [123] und 170 [124] sowie Ergebnisse des BMBF geförderten Vorhabens „Ermüdungsverhalten von Bauteilen aus Stahl- und Aluminium-Sintermetallen" [30] des regionalen Wachstumskerns Thale PM zu Grunde. Nachfolgend wird die Datenbasis mit den verwendeten Werkstoffen und Probengeometrien vorgestellt.

4.1.1 Thale PM

Aus dem Vorhaben Thale PM [30] werden die Ergebnisse der Sinterstähle Sint-D11 und Sint-D35 verwendet. Von beiden Werkstoffen wurden Probestäbe derart gepresst, dass an der im Sinne der Ermüdungsfestigkeit versagenskritischen Stelle die Dichte des Werkstoffs gleich ist. Die chemischen Zusammensetzungen und die Dichten sind in Tab. A.1 aufgelistet. Die Materialkonstanten zur Charakterisierung des elastischen Materialverhaltens wurden mittels Impuls-Echo-Verfahren ermittelt und sind in Tab. A.2 aufgeführt. Weiterhin wurden die Schwellwerte für das Makrorisswachstum $\Delta K_{\mathrm{I,th}}$ bei schwellender Beanspruchung bestimmt. Dazu kamen aus gesinterten Ronden gefertigte 3-Punkt-Biegeproben (SENB3-Proben) zum Einsatz. Die experimentell ermittelten Werkstoffkennwerte σ_{D} und $\Delta K_{\mathrm{I,th}}$ sind im Anhang in Tab. A.3 mit aufgelistet.

Für die Ermittlung der Werkstoffdauerfestigkeit in kraftgeregelten Einstufenversuchen wurden ungekerbte Flachproben entsprechend der DIN Norm für Probekörper zur Ermüdungsprüfung [125] gepresst. In der Norm sind weiterhin gekerbte Probestäbe für die Ermüdungsprüfung enthalten, Abb. 4.1, welche zur Ermittlung der Dauerfestigkeiten σ_{DK} verwendet wurden. Diese sind in Tab. A.6 dokumentiert. Die Nomenklatur der Probengeometrien gibt die in der DIN Norm angegebene Formzahl wieder. So steht Ktz10 für die auf Zug-Druck beanspruchte Werkstoffprobe mit der Formzahl $K_{\mathrm{t}} = 1{,}0$.

Der sich infolge der aufgebrachten Belastung in den Probestäben einstellende Beanspruchungszustand wurde anhand von FE-Analysen mit der Software ANSYS [120] berechnet.

Dies beinhaltete die Ermittlung der maximalen Kerbbeanspruchung als 1. Hauptspannung in Form eines elastischen Übertragungsfaktors c, die Formzahl K_t, den bezogenen Spannungsgradienten χ' und das höchstbeanspruchte Volumen $V_{90\%}$. Die Ergebnisse sind in Tab. 4.1 aufgelistet.

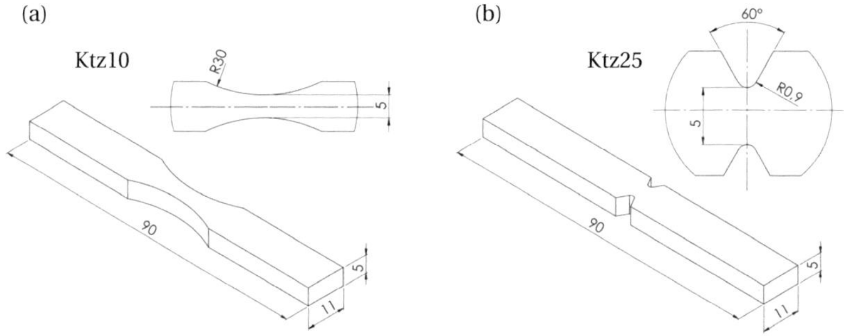

Abb. 4.1: Flachproben (a) ungekerbt und (b) gekerbt nach DIN EN ISO 3928

Tab. 4.1: Ergebnisse der Beanspruchungsanalyse der verwendeten Proben aus [123, 124, 30]

Probe/Bauteil:	Ktz10	Ktb10	Ktz25	Ktz28	Ktb20	Ktz34	Ktb35
$c = \frac{\sigma_{I,max}}{F}$ [mm^{-2}]	0,0416	-	0,1011	0,0582	-	0,0954	-
$c = \frac{\sigma_{I,max}}{M_b}$ [mm^{-3}]	-	0,0488	-	-	0,0530	-	0,1139
K_t [-]	1,04	1,02	2,53	2,62	2,00	3,30	3,32
χ' [mm^{-1}]	0	0,38	1,97	2,77	2,36	3,40	7,10
$V_{90\%}$ [mm^3]	140,5	7,132	0,1663	0,197	0,0266	0,065	0,0031

4.1.2 LBF-Berichte

Der überwiegende Teil der Datenbasis beruht auf den in [123] und [124] dokumentierten umfangreichen Untersuchungen, die am Fraunhofer LBF in Darmstadt durchgeführt wurden. Darin wurden für Probestäbe aus Sinterstahl verschiedener chemischer Zusammensetzung bei jeweils unterschiedlichen Pressdichten Wöhlerlinien im Zeitfestigkeitsbereich bei wechselnder und schwellender Beanspruchung ermittelt. Die Versuche wurden auf 2-3 Horizonten durchgeführt und nach dem Horizontverfahren ausgewertet. Für jede Werkstoff-Dichte-Kombination wurden die Belastungsarten Zug/Druck und Flachbiegung anhand von jeweils drei verschiedenen Probengeometrien untersucht. Diese sind in Abb. 4.2 gezeigt. Entsprechend ihrer im Bericht angegebenen Formzahl werden die Probenformen mit KtzXX für axiale Beanspruchung, bzw. KtbXX für Biegebeanspruchung bezeichnet. Die Probenformen Ktz10 und Ktb10 sowie Ktz28 und Ktb20 sind identisch und unterscheiden sich nur durch die aufgebrachte Belastungsart. Die außengekerbten Probestäbe Ktz34 und Ktb35 hingegen haben unterschiedliche Kerbradien. Die Ergebnisse der hier durchgeführten Beanspruchungs-

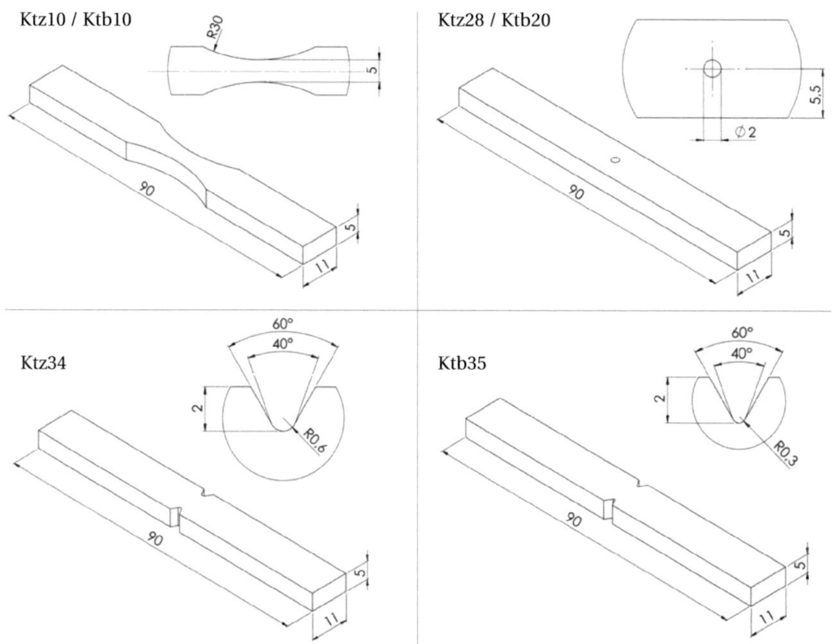

Abb. 4.2: Probengeometrien aus LBF Berichten mit verwendeter Referenzbezeichnung

analysen der in den LBF-Berichten verwendeten Probengeometrien sind ebenfalls in Tab. 4.1 aufgeführt. Die dabei bestimmten Formzahlen unterscheiden sich teilweise leicht von den in den Berichten angegebenen. Das lässt sich dadurch erklären, dass diese damals an geometrisch fünffach vergrößerten Stahlproben mittels Dehnmessstreifen ermittelt wurden.

4.1.3 Verwertung der Datenbasis

Die Dauerfestigkeiten der gekerbten und ungekerbten Probestäbe aus dem Vorhaben Thale PM wurden mittels Treppenstufenverfahren ermittelt und mit der IABG-Methode nach

Hück [126] statistisch ausgewertet. Ebenso wurden die Schwellwerte des zyklischen Rissfortschritts direkt bestimmt. Im Gegensatz dazu sind in den LBF-Berichten [123, 124] lediglich Versuche im Zeitfestigkeitsbereich durchgeführt worden. Die Dauerfestigkeiten σ_D und σ_{DK} in Tab. A.5 und A.6 mussten deshalb aus den dokumentierten Wöhlerlinien abgeschätzt werden. Dazu wurden diese bei einer auf $N_D = 1 \cdot 10^6$ festgelegten Abknicklastwechselzahl abgeschnitten und die zugehörige Spannungsamplitude als Dauerfestigkeit definiert: σ_D bzw. $\sigma_{DK} = \sigma_a\,(N = N_D)$. Damit stellen sämtliche Dauerfestigkeiten der LBF-Berichte abgeschätzte Werte dar. Eine entsprechende Vorgehensweise war auch zur Bestimmung der Schwellwerte $\Delta K_{I,th}$ notwendig. Auch hier liegen lediglich Werte aus dem Rissfortschrtitts-bereich vor. Die Schwellwerte wurden aus diesen abgeschätzt. Dazu wurde der zyklische Spannungsintensitätsfaktor als Schwellwert definiert, für den die Rissfortschrittsrate $\mathrm{d}a/\mathrm{d}N$ auf $1 \cdot 10^{-6}$ mm pro Lastwechsel abgefallen war. Diese Festlegung wurde aus den Berichten übernommen und stammt nicht vom Autor dieser Arbeit.

Ein weiterer Punkt betrifft die Differenzierung der Ergebnisse, welche bei unterschiedlichen Spannungsverhältnissen ermittelt wurden. Die Stützzifferkonzepte von HTS und der FKM-Richtlinie wurden an einem Datensatz bei ausschließlich wechselnder Beanspruchung abgeleitet. Die Materialparameter der Vorhersagekonzepte L und a_0 sind definitionsgemäß ebenfalls auf ein Spannungsverhältnis beschränkt. Das entspricht dem Spannungsverhältnis, bei welchem die Kennwerte σ_D und $\Delta K_{I,th}$ bestimmt wurden. Die in den LBF-Berichten durchgeführten Rissfortschrtittsuntersuchungen erfolgten ausschließlich bei schwellender Beanspruchung und somit ist lediglich $\Delta K_{I,th}\,(R = 0)$ bekannt. Daher sind die Vorhersagekonzepte prinzipiell nur für den Teil des Datensatzes anwendbar, welcher bei schwellender Beanspruchung ermittelt wurde. Das würde die Halbierung des Datensatzes bedeuten, denn in den LBF-Berichten wurden die Versuche für jede Kerbform und Belastungsart bei $R = -1$ und $R = 0$ durchgeführt. In Abb. 4.3 sind die bei beiden Spannungsverhältnissen ermittelten experimentellen Stützziffern einander gegenübergestellt. Dabei lässt sich eine sehr gute Übereinstimmung feststellen. Das bedeutet, die Verhältnisse aus σ_{DK} und σ_D sind für wechselnde und schwellende Beanspruchung nahezu gleich. Eine Erklärung dafür könnte im nahezu rein linear-elastischen Verformungsverhalten von Sinterstählen liegen. Vom Spannungsverhältnis abhängige Stützziffern können bei duktilen Werkstoffen mit der elastisch-plastischen Beanspruchung im Kerbgrund erklärt werden. Bei $R = 0$ sind bei gleicher Amplitude wie bei $R = -1$ die plastischen Verformungen größer, was mit einer stärkeren Abminderung der Maximalspannung infolge elastisch-plastischer Spannungsumlagerung verbunden ist. Dieser Effekt tritt bei Sinterstählen nicht auf. Somit erfolgt die Auswertung der Datenbasis mit den verschiedenen Stützzifferkonzepten in Abschnitt 4.2 mit dem gesamten Datensatz. Für die Anwendung der Vorhersagekonzepte werden die bei $R = 0$ ermittelten Materialparameter L und a_0 auch verwendet, um die Dauerfestigkeiten σ_{DK} bei $R = -1$ zu berechnen. Das entspricht der im Nennspannungskonzept unterstellten Annahme einer für ein Material konstanten Mittelspannungsempfindlichkeit, welche unabhängig von der Kerbform bzw. der Bauteilgeometrie ist [127].

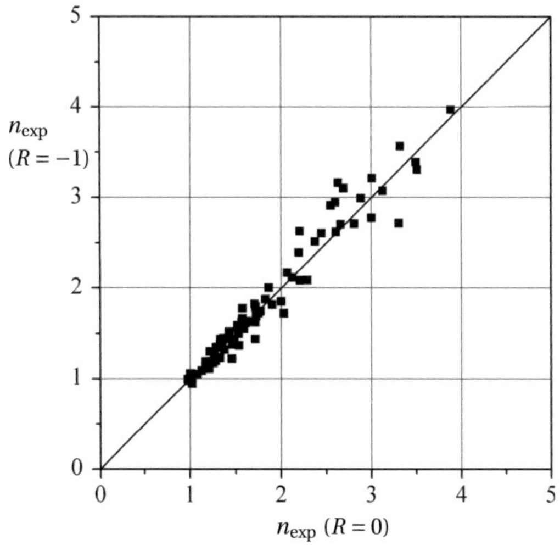

Abb. 4.3: Vergleich der experimentell ermittelten Stützziffern bei wechselnder und schwellender Beanspruchung

4.2 Anwendung der Konzepte auf die Datenbasis

4.2.1 Auswertung

Zur Bewertung der Treffsicherheit der verschiedenen Stützzifferkonzepte werden die berechneten Stützziffern über den sich aus dem Experiment ergebenden aufgetragen. Das Verhältnis aus beiden Stützziffern bzw. beiden Dauerfestigkeiten wird als relative Stützziffer bezeichnet:

$$n_{rel} = \frac{\sigma_{DK,exp}}{\sigma_{DK,ber}} = \frac{n_{exp}}{n_{ber}}. \tag{4.1}$$

Werden die relativen Stützziffern der Größe nach geordnet und ihnen eine Positionswahrscheinlichkeit nach ROSSOW [128] zugewiesen

$$P = \frac{3i - 1}{3m + 1}, \tag{4.2}$$

lassen sich unter Annahme logarithmischer Normalverteilung durch Regression der Punkte im Wahrscheinlichkeitsnetz die entsprechenden statistischen Kennwerte Mittelwert $\overline{n}_{rel}$,

Standardabweichung $s_{\log n_{\mathrm{rel}}}$ und damit auch die Streuspanne $T_{n_{\mathrm{rel}}}$ ableiten. Letztere lässt sich mit

$$\log T_{n_{\mathrm{rel}}} = 2{,}5632 \cdot s_{\log n_{\mathrm{rel}}} \tag{4.3}$$

direkt aus der Standardabweichung berechnen. Damit kann unter Verwendung der entsprechenden Quantile (Tab. 4.2) eine Stützziffer mit gewünschter Eintrittswahrscheinlichkeit berechnet werden. Die Auswertung im Wahrscheinlichkeitsnetz ist für alle Konzepte in Anhang A.2 dargestellt.

Tab. 4.2: Quantilwerte der standardisierten Gaußschen Normalverteilung

Wahrscheinlichkeit	Quantilwert $\lvert u_0 \rvert$
90%	1,28
99%	2,33
99,9%	3,09
99,99%	3,72
99,999%	4,27

4.2.2 Spannungsgradientenansatz

Für die Validierung des Spannungsgradientenansatzes muss zunächst eine Entscheidung für den funktionellen Ansatz getroffen werden. Die Stützziffer nach SIEBEL und STIELER (Gl. (2.26)) beinhaltet mit s_{g} lediglich einen freien Parameter zur Anpassung der Versuchsergebnisse. Der Exponent des bezogenen Spannungsgradienten ist durch den Ansatz als Wurzelfunktion auf 0,5 festgesetzt. Das bedeutet bei doppeltlogarithmischer Darstellung der Stützziffer über dem bezogenen Spannungsgradienten einen gleichen Anstieg für alle Werkstoffgruppen. Die individuelle Kerbempfindlichkeit wird durch die Gleitschichtdicke ausgedrückt, welche die Kurve in Ordinatenrichtung verschiebt. Ähnlich verhält es sich mit dem in der FKM-Richtlinie verwendeten Formelsatz (Gln. (2.34) bis (2.36)). Hier ist für drei verschiedene Bereiche des bezogenen Spannungsgradienten ein jeweils für alle Werkstoffe konstanter Exponent vorgegeben. Dieser nimmt mit steigenden bezogenen Spannungsgradienten von 1 auf 0,25 ab. Die werkstoffabhängigen Parameter a_G und b_G bestimmen wiederum nur den Faktor der Stützziffer. Zur Formulierung einer spannungsgradientenbasierten Stützziffer für Sinterstähle wurde die Form nach HÜCK, THRAINER und SCHÜTZ gewählt, welche sowohl den Faktor als auch den Exponenten des bezogenen Spannungsgradienten als freie Parameter für die Anpassung an die Versuchsergebnisse verwendet. Die Parameter werden mittels Regressionsrechnung unter Minimierung des Abstandes der Ausgleichskurve zu den Versuchspunkten in Stützzifferrichtung ermittelt. Das Ergebnis der Regression über den bei

$R = -1$ und $R = 0$ ermittelten Stützziffern ist in Abb. 4.4 dargestellt und führt auf folgende Beziehung für die Stützziffer:

$$n_{\chi'} = 1 + 0{,}30 \cdot (\chi' \cdot \mathrm{mm})^{0{,}83}. \tag{4.4}$$

Die mit Gl. (4.4) abgeschätzten Dauerfestigkeiten σ_{DK} sind in Abb. 4.5 über den experimentell ermittelten aufgetragen.

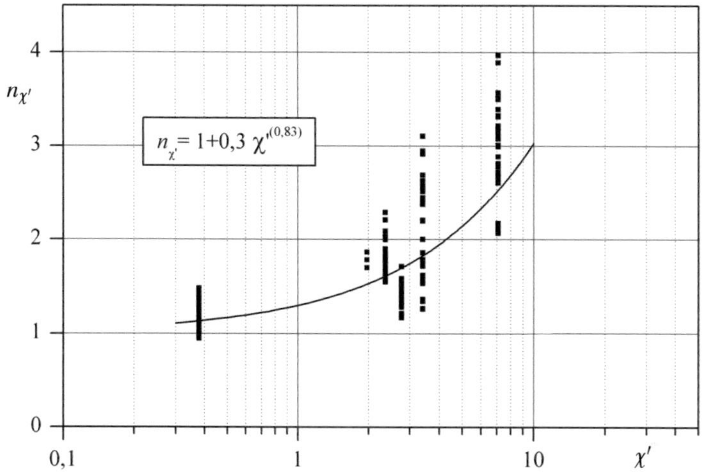

Abb. 4.4: Abhängigkeit der Stützziffer vom bezogenen Spannungsgradienten

Die entsprechende Auswertung der relativen Stützziffern im Wahrscheinlichkeitsnetz ist in Anhang A.2 abgebildet. Im Ergebnis dieser Auswertung ergibt sich für die relativen Stützziffern ein Mittelwert von $\overline{n}_{\mathrm{rel}} = 1{,}03$ bei einer Standardabweichung von $s_{\log n_{\mathrm{rel}}} = 0{,}089$, welche einer Streuspanne von $T_{n_{\mathrm{rel}}} = 1{,}69$ entspricht. Wird die Regression separat für beide Spannungsverhältnisse durchgeführt, so unterscheidet sich das Ergebnis lediglich geringfügig (vgl. Tab. 4.3).

Tab. 4.3: Vergleich der Parameter des Spannungsgradientenansatzes nach HTS für die Ableitung anhand verschiedener Datensätze

Datensatz	Faktor	Exponent
alle R	0,30	0,83
$R = -1$	0,31	0,83
$R = 0$	0,29	0,84

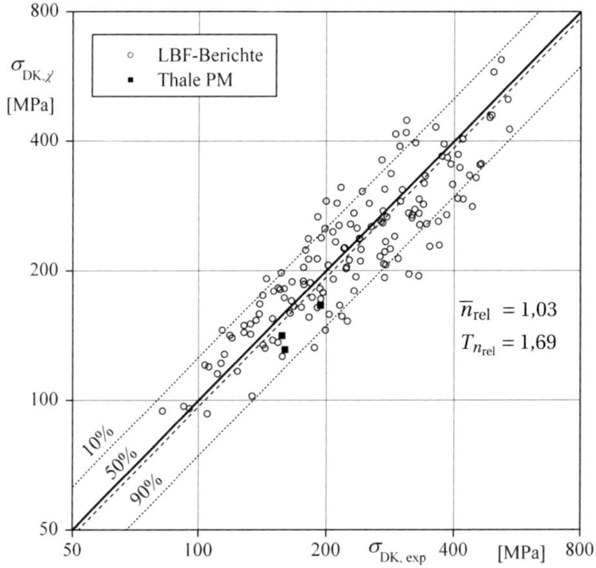

Abb. 4.5: Treffsicherheit des Spannungsgradientenansatzes

Mit der Beziehung Gl. (4.4) wird die Stützziffer bei gleicher Kerbform für alle Sinterstähle identisch und somit unabhängig von chemischer Zusammensetzung und Dichte berechnet. Daher wurde versucht, die Parameter dichteabhängig zu formulieren um zu einer besseren Treffsicherheit zu gelangen. Dazu wurden die Parameter der Stützziffer separat für die Dichteintervalle $\rho = 6{,}57 - 6{,}6\ \frac{g}{cm^3}$, $\rho = 6{,}8 - 6{,}92\ \frac{g}{cm^3}$, $\rho = 7{,}1 - 7{,}2\ \frac{g}{cm^3}$ und $\rho = 7{,}3 - 7{,}4\ \frac{g}{cm^3}$ abgeleitet und die Parameter über der ermittelten Dichte aufgetragen. Dieses Vorgehen wurde gewählt, da die Dichte als ein bestimmender Einflussfaktor für die Porosität und damit auch für die Schwingfestigkeit angesehen wird [123]. Die Dichteabhängigkeit des Faktors und des Exponenten aus Gl. (4.4) ist in Abb. 4.6 gezeigt. Die Validierung des dichteabhängigen Parametersatzes führte zu keiner Verbesserung der abgeschätzten Dauerfestigkeit. In der Tat wurde die Streuung der relativen Stützziffer mit $T_{n_{rel}} = 1{,}72$ sogar leicht größer. Der Mittelwert blieb mit $\overline{n}_{rel} = 1{,}02$ nahezu identisch. Der Grund dafür liegt in der schlechten Approximation der Dichteabhängigkeit der Parameter mittels einer linearen Funktion. Um einen geeigneteren funktionalen Zusammenhang zu finden, wäre eine Untersuchung mit deutlich mehr verschiedenen Dichtevarianten nötig. Weiterhin wurde eine Abhängigkeit von der Zugfestigkeit analog der FKM-Richtlinie untersicht. Auch hier zeigte sich keine Verbesserung für die Abschätzung der Stützziffern.

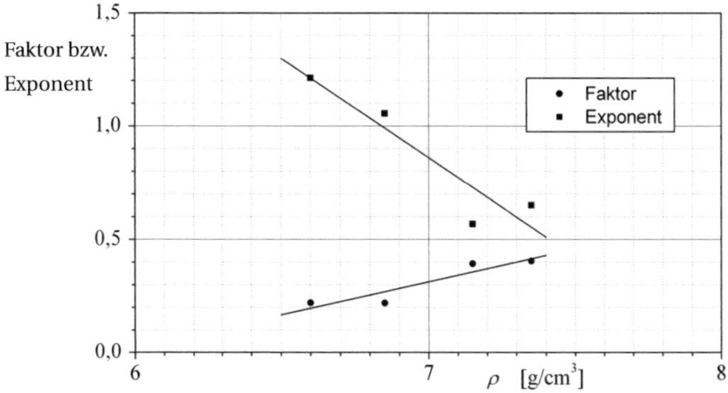

Abb. 4.6: Abhängigkeit von Faktor und Exponent des Spannungsgradientenansatzes Gl. (4.4) von der Dichte

4.2.3 FEMFAT Methode

Trotz des theoretisch interessanten Ansatzes die Kerbempfindlichkeit eines Materials mit der Biegedauerfestigkeit zu normieren führt diese Methode bei Anwendung auf den vorhandenen Datensatz zu deutlich schlechteren Ergebnissen als der ursprüngliche Gradientenansatz. Das Ergebnis der mit der FEMFAT-Methode nach Gl. (2.37) abgeschätzten Dauerfestigkeiten ist im Anhang A.5 abgebildet. Für dieses Ergebnis wurde auf eine statistische Auswertung verzichtet. Die extrem hohe Streuung kann mit dem starken Einfluss des Verhältnisses $\sigma_{\mathrm{D}}/\sigma_{\mathrm{D,b}}$ auf die Stützziffer erklärt werden. Bei gleichbleibenden Exponenten aus dem Spannungsgradientenansatz (Gl. (4.4)) wird die Kurve derart verschoben, dass die Biegedauerfestigkeit exakt vorhergesagt wird. Das spiegelt sich auch im Ergebnis in Abb. A.20 wider. Die exakt wiedergegebenen Biegedauerfestigkeiten liegen auf der Diagonalen. Die hohe Sensitivität der Stützziffer ist in Abb. 4.7 zu erkennen. Dort ist ausgehend von einem Verhältnis $\sigma_{\mathrm{D}}/\sigma_{\mathrm{D,b}} = 0{,}9$, welches für Sinterstähle anhand des hier verwendeten Datensatzes als charakteristisch gelten kann, der Einfluss einer Abweichung von 2 % bis 16 % auf die Stützziffer für verschiedene Spannungsgradienten dargestellt. Dabei entspricht der Fehler für den der Biegebeanspruchung ungekerbter Proben entsprechenden Spannungsgradienten $\chi' = 0{,}4\ \mathrm{mm}^{-1}$ erwartungsgemäß dem vorgegebenen Fehler. Für Spannungsgradienten, welche scharfen geometrischen Kerben entsprechen, wächst der Fehler jedoch auf ein Vielfaches an. Die experimentellen Stützziffern bei Biegebeanspruchung ungekerbter Proben, welche dem umgekehrten Verhältnis aus Zug-Druck- und Biegedauerfestigkeit entsprechen, liegen im Datensatz zwischen 1 und 1,5. Eine tendenzielle Abhängigkeit von der Dichte oder dem Material ist dabei nicht erkennbar. Die Anwendung des einfachen Gradientenansatz ist aufgrund der Ergebnisse mit der FEMFAT-Methode dieser vorzuziehen. Nachteilig ist weiterhin, dass mit der Biegedauerfestigkeit für jede Material-Dichte-Kombination ein weiterer Materialparameter aufwändig bestimmt werden muss. Durch diesen Parameter, welcher den Faktor in Gl. (4.4) ersetzt, ist diese Methode zum Teil den Vorhersagemodellen zuzurechnen. Der Faktor in Gl. (2.37) wird aus Versuchen bestimmt, welche unabhängig von den zu bewertenden Kerbformen bzw. Spannungsgradienten (ausgenommen reine Biegung) sind. Darin besteht der Vorhersagecharakter. Der Exponent wiederum wird an Messergebnisse angepasst und ist daher den empirischen Konzepten zuzuordnen.

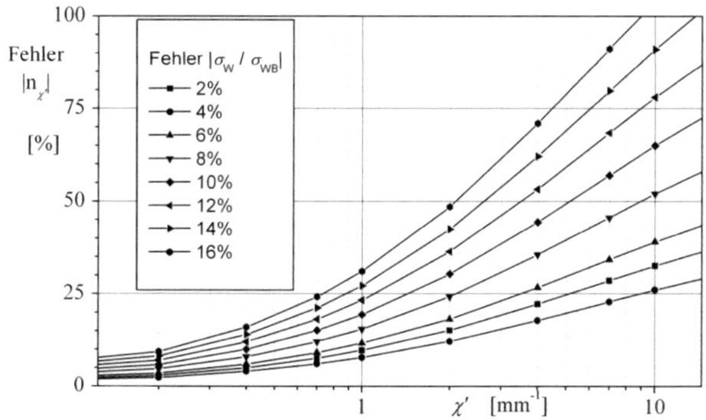

Abb. 4.7: Sensitivität eines Fehlers im Verhältnis aus Zug-Druck- und Biegedauerfestigkeit auf den Fehler der mit der FEMFAT-Methode berechneten Stützziffer

4.2.4 Statistischer Größeneinfluss

Der Weibull-Exponent κ ist der die Kerbempfindlichkeit des Materials bestimmende Parameter des Fehlstellenmodells. Er muss demzufolge für ein Material bzw. einen Materialzustand konstant sein und darf nicht von der Streuung einer einzelnen Versuchsreihe abhängen. Wird κ aus den dokumentierten Streuspannen T_N der einzelnen Wöhlerlinien in den LBF-Berichten bestimmt, ergeben sich dafür Werte zwischen 25 und 65. Dabei lässt sich kein systematischer Zusammenhang zur Dichte oder zu der chemischen Zusammensetzung des Werkstoffs erkennen. Die Abschätzung von T_S aus T_N nach Gl. (2.24) stellt eine weitere Ungenauigkeit dar, welche i. A. zu einer Unterschätzung von T_S und damit auf zu hohe Werte für κ führt. In [90] sind für verschiedene Werkstoffgruppen Werte des Weibull-Exponenten angegeben (Tab. 4.4). SONSINO [59] gibt anhand einer Auswertung von 6000 Einzelversuchen an Sinterstählen verschiedener Zusammensetzung und Dichte im Übergangsgebiet zur Dauerfestigkeit eine gemeinsame Streuspanne T_S = 1,25 an. Damit ergibt sich nach Gl. (2.23) ein Weibull-Exponent von κ = 13,6. Dieser Wert liegt deutlich unter den aus den Wöhlerlinien abgeschätzten Exponenten und bedeutet somit eine höhere Streuung der Dauerfestigkeit. Im Vergleich zu den anderen in Tab. 4.4 angegebenen Werten ordnen sich Sinterstähle damit im Bereich von Eisenguss ein. Die Berechnung der statistischen Stützziffer nach

Tab. 4.4: Weibull-Exponent für Sinterstahl im Vergleich mit anderen Werkstoffgruppen aus [90]

Werkstoff-gruppe	**Sinter-stahl**	nichtrost. Stahl	anderer Stahl	GS	GGG	GT	GG	Aluknet.	Aluguss.
κ	**13,6**	30	30	15	10	10	10	20	10

Gl. (2.21) führt über die Berechnung von Spannungsintegralen. Abhängig vom Versagensort kann die Integration (z. B. nach [129]) über der Bauteiloberfläche oder dem Bauteilvolumen erfolgen. Bei Sinterstählen kann aufgrund der Porosität der Mikrostruktur von der Anrissbildung an Fehlstellen im Bauteilinneren ausgegangen werden. Daher wurde die statistische Stützziffer mittels Volumen-Spannungsintegralen berechnet. Wie bereits in Abschnitt 2.3 erwähnt ist die Berechnung der Spannungsintegrale über der Bauteiloberfläche aus Sicht des Autors abzulehnen, da dies auf identische Werte für I_A bei Zug-Druck und Umlaufbiegung führt. Für einfache Probengeometrien stehen Näherungslösungen zur Berechnung von I_V zur Verfügung, welche z. B. in [36, 89, 37, 90] angegeben sind. Die Anwendung auf beliebige Kerbgeometrien ist nur unter Verwendung nummerischer Berechnungsmethoden möglich. Die Bestimmung der Spannungsintegrale erfolgt dabei der Berechnung des Spannungsfeldes nachgelagert im Postprocessing. Bei ausreichend feiner Vernetzung kann dies elementweise erfolgen, wie in [130] beschrieben. Wird von einer näherungsweise homogenen Spannungsverteilung in den einzelnen Elementen ausgegangen kann von der integralen Formulierung auf eine summatorische übergegangen werden ($\mathrm{d}V \to \Delta V_{\mathrm{Element}}$). Die bezogene Spannungsfunktion g in einem Element wird dabei zu einem skalaren Wert, der aus der jeweils mittleren Spannung eines Elements $\overline{\sigma}_{\mathrm{Element}}$ und der maximal auftretenden mittleren Elementspannung im Bauteil berechnet wird:

$$g_{\mathrm{Element}} = \frac{\overline{\sigma}_{\mathrm{Element}}}{\overline{\sigma}_{\mathrm{max}}}. \tag{4.5}$$

Das Spannungsintegral über dem Bauteil erfolgt näherungsweise durch Summation der Produkte aus bezogener Element-Spannungsfunktion und Elementvolumen der i Elemente:

$$I_V = \int_{V_{\mathrm{Bt}}} g_{\mathrm{Bt}}(x,y,z)^{\kappa}\,\mathrm{d}V_{\mathrm{Bt}} \approx \sum_i g^{k}_{\mathrm{Element,i}} \Delta V_i \tag{4.6}$$

Diese Vorgehensweise erfordert gerade bei scharf gekerbten Proben mit großem Spannungsgradienten hinter der Kerbe eine sehr feine Vernetzung unter Verwendung von Submodellen. Eine Konvergenz des Wertes des Spannungsintegrals wird erst bei sehr feiner Elementierung erreicht.

Deutlich besser geeignet ist die Methode *SPIEL* von DIEMAR et al. [131]. Hier erfolgt die Zuordnung von Volumen und Spannung nicht auf Elementebene, sondern für FE-Knoten. Dafür ist in einer separaten Rechnung zunächst der einem Knoten zugehörige Volumenanteil zu bestimmen. Dies geschieht durch einen geeigneten Einheitslastfall, in dem sämtliche möglichen Knotenverschiebungen zu null und die Dichte zu eins gesetzt werden. Als Last wird eine Einheitsbeschleunigung aufgebracht. Da sich die Kraft an einem Knoten aus dem Produkt von Masse und Beschleunigung ergibt, entspricht die Reaktionskraft an den Knoten mit den gewählten Parametern Einheitsbeschleunigung und Einheitsdichte den entsprechenden Volumenanteilen der FE-Knoten. Der Wert der bezogenen Spannungsfunktion in jedem Knoten wird analog zu Gl. (4.5) und der Wert des Spannungsintegrals analog zu Gl. (4.6) berechnet. Dabei ist jeweils der Index *Element* durch *Knoten* zu ersetzen.

Da mit dieser Methode konstante Knotenspannungen anstelle konstanter Elementspannungen verwendet werden, ist sie bei gleicher Vernetzung deutlich genauer. Mit dieser Methode lassen sich auch die 90%-Volumina für das Konzept des höchstbeanspruchten Werkstoffvolumens ermitteln. Dabei genügt die Summation der Volumina der Knoten, deren Spannung den 90%-Schwellwert überschreitet. Der Anwendungsaufwand ist bezüglich der Vernetzung und des Postprocessings nur unwesentlich geringer als bei der Berechnung der Spannungsintegrale.

Der Weibull-Exponent κ bewirkt, dass niedrig beanspruchte Bereiche eines Bauteils einen vernachlässigbar kleinen Anteil auf die Größe des Spannungsintegrals haben. Je größer κ, desto stärker dominieren die hochbeanspruchten Bereiche des Bauteils das Ergebnis. Daher wird häufig ein hochbeanspruchter Bereich über einen Schwellwert definiert. Nur für den Teil des Bauteils, der höher oder gleich dem Schwellwert beansprucht ist, wird die Integration durchgeführt. In der Literatur werden für diese Grenzbeanspruchung verschiedene Werte verwendet. In [37] wurde ein sehr geringer Einfluss des Schwellwertes auf die sich aus den Spannungsintegralen ergebende Stützziffer gefunden und als Integrationsbereich jener mit mindestens 80% der maximalen Spannung definiert.

Das Ergebnis der Konvergenzuntersuchung des Spannungsintegrals abhängig von κ ist in Abb. 4.8 für die ungekerbte Werkstoffprobe und eine stark gekerbte Probe beispielhaft abgebildet. Dazu wird das Spannungsintegral ausschließlich für den Bereich des Probenvolumens berechnet, in dem die maximale Vergleichsspannung, hier die 1. Hauptspannung, gleich oder oberhalb einer definierten Grenzspannung σ_{lim} liegt. Als Referenzlösung für $I_{V,\text{ref}}$ wurde das Spannungsintegral über dem gesamten Probenvolumen berechnet: $\sigma_{\text{lim}} = 0$. Die Verwendung des Schwellwertes 0,9 führt für beide Probengeometrien zu ungenauen Ergebnissen. Lediglich für $\kappa > 50$ ist I_V auch schon bei diesem Schwellwert konvergiert. Für die Berechnungen in dieser Arbeit wird der Schwellwert auf $\sigma_{\text{lim}} = 0{,}5$ gesetzt. Damit ist die Konvergenz sicher gewährleistet. Ein weiteres Herabsetzen bedeutet keine verbesserte Genauigkeit und birgt neben dem höheren Rechenaufwand jedoch auch die Gefahr ungewollt Spannungsspitzen im Bereich der Lasteinleitung im Spannungsintegral mit zu berücksichtigen. Die Verläufe $I_V(\kappa)$ wurden für jede Probenform und Belastungsart in der Datenbasis bestimmt und sind im Anhang A.4 aufgeführt.

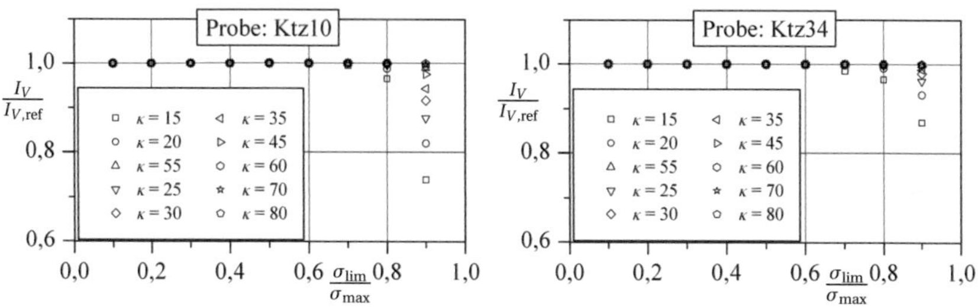

Abb. 4.8: Zur Konvergenz des Spannungsintegrals I_V mit steigender Größe des Berechnungsgebiets für ungekerbte und stark gekerbte Proben

Die mit dem Fehlstellenmodel vorhergesagten Dauerfestigkeiten sind in Abb. 4.9 über den experimentellen Ergebnissen dargestellt. Dabei zeigt sich eine gute Treffsicherheit des Mittelwertes, welcher mit $\overline{n}_{rel} = 1{,}07$ leicht auf der konservativen Seite liegt. Allerdings ist die Streuung der relativen Stützziffer vergleichsweise groß. Diese liegt mit einer Streuspanne von $T_{n_{rel}} = 1{,}85$ über der aller anderen Konzepte, die in dieser Arbeit Anwendung finden. In Abb. 4.9 fallen des Weiteren die vielen Punkte unterhalb des 90 % Streubandes auf. Demgegenüber liegen die Punkte auf der unsicheren Seite (Überbewertung der Dauerfestigkeit) deutlich näher am Mittelwert. Werden die relativen Stützziffern im Wahrscheinlichkeitsnetz aufgetragen (Abb. A.1) zeigt sich daher ein S-Schlag in der Verteilung. Die Annahme logarithmischer Normalverteilung ist für die mit dem Fehlstellenmodell abgeschätzten Dauerfestigkeiten grenzwertig. Eine Abweichung an den Rändern, bei sehr hohen bzw. niedrigen Eintrittswahrscheinlichkeiten ist bei allen Konzepten zu beobachten. Doch auch in der Mitte bilden die Punkte bei diesem Modell keine Gerade. Die statistischen Kenngrößen sind für diese Methode daher unter Vorbehalt zu betrachten.

Eine fundierte Abschätzung einer werkstofftypischen Streuung ist nur auf Grundlage einer Vielzahl von Versuchsergebnissen im Übergangsgebiet zur Dauerfestigkeit möglich. Wird diese anhand weniger Ergebnisse abgeschätzt, kann das einen erheblichen Einfluss auf den Weibull-Exponenten haben. Ebenso kann die Abschätzung aus der Streuung im Zeitfestigkeitsbereich zu einem stark unterschiedlichen Exponenten führen. Um den Einfluss dieser Unsicherheit auf die Stützziffer und damit die vorhergesagten Dauerfestigkeiten zu verdeutlichen wurde in Abb. 4.10 Mittelwert und Streuspanne bei Variation des Weibull-Exponenten aufgetragen. Darin zeigt sich, dass der Wert $\kappa = 13{,}6$, berechnet aus der von SONSINO an-

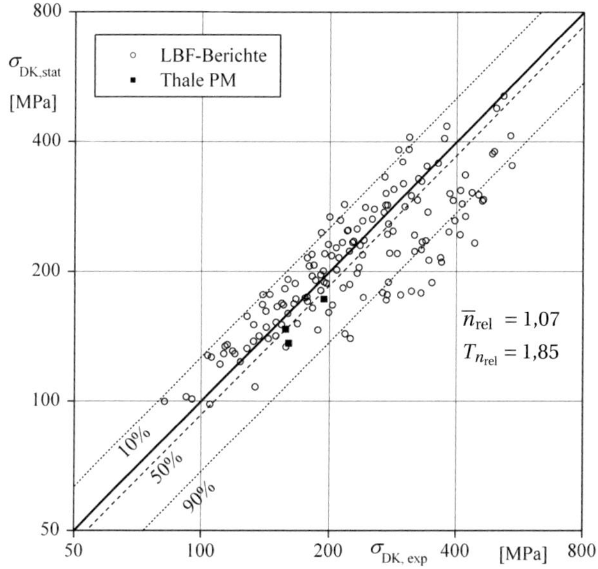

Abb. 4.9: Treffsicherheit Fehlstellenmodells nach WEIBULL

gegebenen typischen Streuspanne von $T_S = 1{,}25$, bezüglich des Mittelwertes n_{rel} durchaus zutreffend ist. In Abb. 4.11 wird für die einzelnen Probenformen der Einflus von κ auf die Stützziffer n_{st} aufgezeigt. Dieser ist für schärfere Kerben größer. Als werkstoffabhängiger Parameter entspricht κ der Kerbempfindlichkeit des Werkstoffs. Wie in Abb. 4.11 zu erkennen

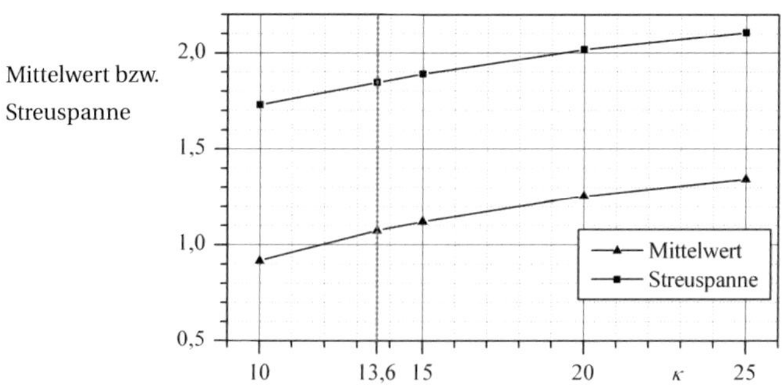

Abb. 4.10: Abhängigkeit von Streuspanne und Mittelwert der relativen Stützziffer mit dem Fehlstellenmodell vom Weibull-Exponenten κ

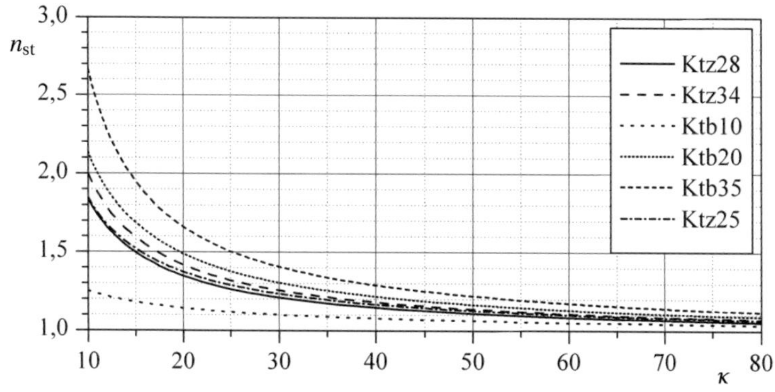

Abb. 4.11: Abhängigkeit der statistischen Stützziffer vom Weibull-Exponenten κ

ist, steigt Kerbempfindlichkeit mit größer werdendem κ an. Werkstoffe wie Sinterstahl oder Gusseisen zeigen kleinere Werte des Weibull-Exponenten κ und damit bei gleicher Kerbform höhere Stützziffern als erschmolzene Stähle. Diese haben größere Exponenten und sind somit auch kerbempfindlicher.

4.2.5 Konzept des höchstbeanspruchten Werkstoffvolumens

In der ursprünglich in [55] von SONSINO vorgestellten Verfahrensweise für das $V_{90\%}$-Konzept wird die Dauerfestigkeit σ_{DK} verschieden gekerbter und beanspruchter Proben über ihrem höchstbeanspruchten Volumen $V_{90\%}$ aufgetragen und unter Annahme einer Potenzfunktion regressiert. Damit wird die Dauerfestigkeit direkt aus dem $V_{90\%}$ der Probe und ohne Berücksichtigung der Werkstoffdauerfestigkeit berechnet:

$$\sigma_{DK} = A \cdot (V_{90\%})^{-w}. \tag{4.7}$$

Unter Verwendung dieses Ansatzes müssten die Parameter A und w bei Sinterstählen für jede Werkstoff-Dichte Kombination separat ermittelt werden, da der Absolutwert der Dauerfestigkeit verwendet wird und nicht die relative Steigerung zur Werkstoffdauerfestigkeit, wie es bei Stützziffern der Fall ist. Aus demselben Grund sind die Parameter dann lediglich für ein Spannungsverhältnis gültig. Die Dauerfestigkeit σ_{DK} ist bei schwellender Beanspruchung kleiner als bei wechselnder, auch wenn das Verhältnis zur jeweiligen Werkstoffdauerfestigkeit gleich sein kann.

Aus diesem Grund ist die Verwendung des $V_{90\%}$-Konzeptes gemäß Gl. (2.40) deutlich günstiger. Dafür wird lediglich der Exponent aus der Regression verwendet. Somit können die Ergebnisse für wechselnde und schwellende Beanspruchung gemeinsam regressiert werden.

Da die derart berechnete Dauerfestigkeit einer gekerbten Probe mit direktem Bezug auf die Werkstoffdauerfestigkeit berechnet wird, zeigt sich bei Anwendung auf den Datensatz, dass die Abschätzung im Mittel nicht bei eins liegt: $\overline{n}_{\text{rel}} \neq 1$.

Wird anstelle σ_{DK} die experimentell ermittelte Stützziffer n_{exp} über $V_{90\%}$ aufgetragen, tritt dieses Problem nicht auf und die Abschätzung stimmt im Mittel mit den Versuchsergebnissen überein. Somit kann die Stützziffer zur Berechnung der Dauerfestigkeit einer Kerbprobe mit

$$n_{V_{90\%}} = A_1 \cdot \left(\frac{V_{90\%}}{\text{mm}^3} \right)^{-w_1} \tag{4.8}$$

abgeschätzt werden. Die Parameter ergeben sich für Gl. (4.8) zu $A_1 = 1{,}44$ und $w_1 = 0{,}093$ (Abb. 4.13). Mit dieser Formulierung entfällt auch die Berechnung von $V_{90\%}$ der Werkstoffprobe. Im Weiteren wird diese Variante mit Variante 1 bezeichnet. Die statistische Auswertung der relativen Stützziffern und damit der Treffsicherheit ergibt für den Mittelwert $\overline{n}_{\text{rel}} = 0{,}980$ und für die Streuspanne $T_{n_{\text{rel}}} = 1{,}73$. Mit der Verfahrensweise von Variante 1 wird nicht zwangsläufig die geringste Streuung der relativen Stützziffer und damit ein Minimum für $T_{n_{\text{rel}}}$ erreicht. Durch Variation des Exponenten kann dieser für die minimale Streuung ermittelt werden (Variante 2). Der Fehler im Mittelwert wird dann durch den Faktor $\overline{n}_{\text{rel}}$ korrigiert. Diese Verfahrensweise wurde auch in [30, 132] und [133] gewählt. Das Ergebnis der Variation des Exponenten in Gl. (4.8) ist in Abb. 4.12 aufgezeigt. Demnach wird die Streuspanne bei dem Exponenten $w_2 = 0{,}1175$ mit $T_{n_{\text{rel}}} = 1{,}68$ minimal. Der Korrekturfaktor für den Mittelwert beträgt $n_{\text{rel}} = 0{,}93$. Damit wird der Faktor in Gl. (4.8) für Variante 2 zu $A_2 = 1{,}33$. Die Anwendung von Variante 2 auf den Datensatz ergibt für den Mittelwert der Abschätzung exakt $\overline{n}_{\text{rel}} = 1{,}0$, da der Korrekturfaktor 0,93 aus der statistischen Auswertung stammt und direkt in den Parameter A_2 eingeht.

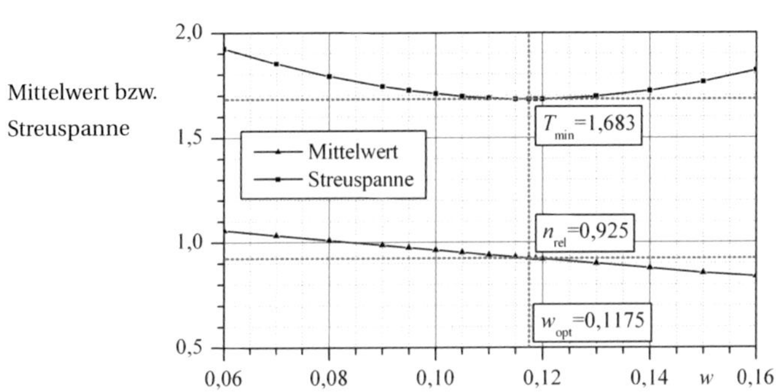

Abb. 4.12: Abhängigkeit von Streuspanne und Mittelwert der relativen Stützziffer mit dem $V_{90\%}$-Konzept (nach Gl. (2.40)) vom Exponenten w, Variation in Gl. (4.8) (Variante 1)

Ein deutlich besseres Ergebnis lässt sich mit der hier im Folgenden vorgeschlagenen Formulierung erzielen. Dabei erfolgt die Regression bei Auftragung von $(n_{\text{exp}} - 1)$ über $V_{90\%}$ ebenfalls mit einem Potenzansatz. Die Dauerfestigkeit gekerbter Proben wird dann mit folgendem Zusammenhang beschrieben:

$$\sigma_{\text{DK}} = \sigma_{\text{D}} \left(1 + A_3 \cdot \left(\frac{V_{90\%}}{\text{mm}^3} \right)^{-w_3} \right). \tag{4.9}$$

Die Parameter aus der Regression der Versuchsergebnisse lauten $A_3 = 0{,}278$ und $w_3 = 0{,}328$. Diese Formulierung wird als Variante 3 bezeichnet. In Abb. 4.13 lassen sich die Vorteile gegenüber den ursprünglichen Varianten erkennen. Zum einen werden die Versuchspunkte mit Gl. (4.9) deulich besser abgebildet. Zum anderen ist so ein asymptotischer Übergang zur Werkstoffdauerfestigkeit gewährleistet. In [55] wird vorgeschlagen ab einer gewissen Größe des höchstbeanspruchten Volumens die Kurve analog einer Wöhlerlinie horizontal abknicken zu lassen. Damit wird bei gegen unendlich gehendem $V_{90\%}$ eine gegen 0 abfallende Dauerfestigkeit vermieden. Eine Festlegung auf einen Grenzwert für $V_{90\%}$ ist mit Variante 3 nicht notwendig. Die Kurve geht mit steigendem Volumen asymptotisch gegen den physikalisch sinnvollen Grenzwert $n = 1$ und mit fallendem Volumen in einen im logarithmischen geraden Verlauf mit dem Anstiegs w_3 über. Damit werden vor allem die höheren Stützziffern bei kleinem $V_{90\%}$ deutlich besser abgebildet. Das spiegelt sich auch in der statistischen Auswertung wider. Die Streuspanne ist für den modifizierten Ansatz (Variante 3) mit $T_{n_{\text{rel}}} = 1{,}64$ geringer als für die ursprüngliche Form des $V_{90\%}$-Konzepts bzw. für die nach der Streuung

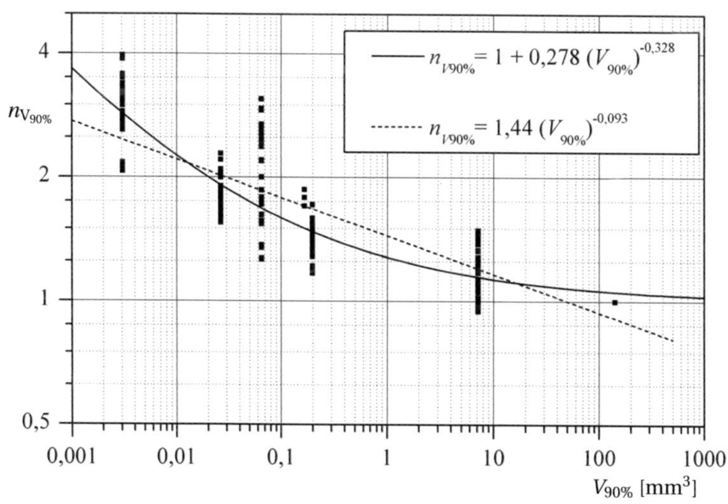

Abb. 4.13: Abhängigkeit der Stützziffer vom höchstbeanspruchten Volumen mit herkömmlicher und alternativer Formulierung

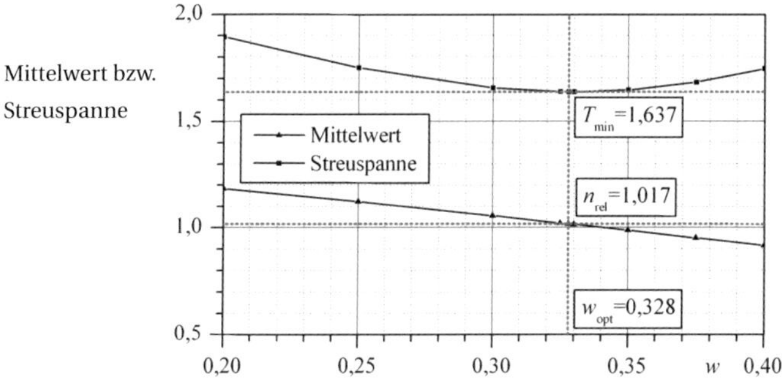

Abb. 4.14: Abhängigkeit von Streuspanne und Mittelwert der relativen Stützziffer mit dem $V_{90\%}$-Konzept (nach Gl. (2.40)) vom Exponenten w, Variation in Gl. (4.9) (Variante 3)

optimierte Variante 2. Eine Optimierung nach der minimalen Streuung der relativen Stützziffern ist ebenfalls nicht notwendig. Das ist in Abb. 4.14 deutlich ersichtlich. Dabei wurde der Exponent w für Variante 3 variiert und jeweils Streuspanne und Mittelwert der statistischen Auswertung über w aufgetragen. Mit dem direkt aus der Regression erhaltenen Parametersatz für Variante 3 wird bereits die geringste Streuspanne erreicht. Der Mittelwert wird nicht exakt getroffen. Das lässt sich wie bereits für Variante 1 mit der nur näherungsweise zutreffenden Annahme logarithmischer Normalverteilung der relativen Stützziffern erklären. Das ist auch in Abb. A.1 am leichten S-Schlag der Punkte im Wahrscheinlichkeitsnetz erkennbar.

Die Ergebnisse der statistischen Auswertung der Abschätzung nach allen drei Varianten sind in Tab. 4.5 aufgelistet. Die Treffsicherheit der Dauerfestigkeitsabschätzung mit der am besten abschneidenden Variante 3 (Gl. (4.9)) ist in Abb. 4.15 dargestellt. Wie auch beim Fehlstellenmodell ist hier eine Unsymmetrie der Punktverteilung um die 50 % Linie zu beobachten.

Tab. 4.5: Vergleich der verschiedenen Varianten des $V_{90\%}$-Konzepts

	Variante 1	Variante 2	Variante 3
Parameter ($i = 1\ldots3$)			
A_i	1,44	1,33	0,278
w_i	0,093	0,1175	0,328
Treffsicherheit			
$\overline{n}_{rel}$	0,980	1,0	1,017
$T_{n_{rel}}$	1,73	1,68	1,64

Analog zum Spannungsgradientenansatz wurde versucht die Parameter des $V_{90\%}$-Konzeptes abhängig von der Dichte oder der Zugfestigkeit zu beschreiben. Auch hier brachte dies keine Verbesserung der Treffsicherheit.

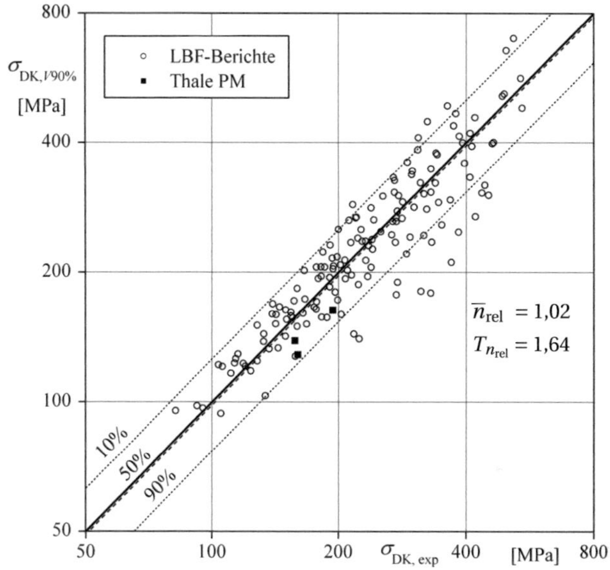

Abb. 4.15: Treffsicherheit des modifizierten $V_{90\%}$-Ansatzes (Variante 3)

4.2.6 Bruchmechanische Konzepte (2D)

Von den in Abschnitt 2.6.4 vorgestellten Konzepten erfüllen lediglich zwei die gestellte Anforderung der Formzahlfreiheit und bieten damit zumindest prinzipiell die Möglichkeit, bei beliebigen Geometrien Anwendung zu finden. Das sind die Ansätze nach LUKÁŠ und KLESNIL sowie nach VORMWALD und HERTEL. Dennoch besteht unvermindert das Problem der Übertragbarkeit, da sie für bestimmte Referenzkerbfälle abgeleitet sind.

Eine bruchmechanische Stützziffer nach LUKÁŠ und KLESNIL (Gl. (2.69)) kann durch umstellen nach K_t/K_f und Ersetzen des Kerbradius mit der Näherung $\rho = 2/\chi'$ folgendermaßen formuliert werden:

$$n_{bm} = \sqrt{1 + 2{,}25 a_0 \chi'}. \tag{4.10}$$

Damit wird neben dem Materialparameter a_0 nur der bezogene Spannungsgradient zur Beschreibung der Geometrie verwendet. Dieser wird mit σ_D und $\Delta K_{I,th}$ berechnet und ist für das Spannungsverhältnis gültig, unter welchem beide Materialparameter ermittelt wurden. Aufgrund der in Abb. 4.3 dargestellten geringen Unterschiede der experimentellen Stützziffern für die Spannungsverhältnisse $R = -1$ und $R = 0$ wird die bruchmechanische Stützziffer mit dem Materialparameter $a_0(R = 0)$ für beide Spannungsverhältnisse berechnet.

Die Risslänge a_0 wird nach Gl. (2.67) als durchgehender ebener Außenriss in einer halbunendlichen Scheibe ($Y = 1{,}1215$) bestimmt. Die konkreten Werte für a_0 der in der Datenbasis untersuchten Sinterstähle sind in Tab. A.3 aufgelistet. Die mit diesem Konzept vorhergesagten Dauerfestigkeiten sind in Abb. 4.16 dargestellt. Diese liegen mit einer mittleren relativen Stützziffer von $\overline{n}_{\mathrm{rel}} = 0{,}85$ auf der unsicheren Seite, i. e. sie werden im Mittel um ca. 18% überschätzt. Die Streuspanne beträgt $T_{n_{\mathrm{rel}}} = 1{,}70$.

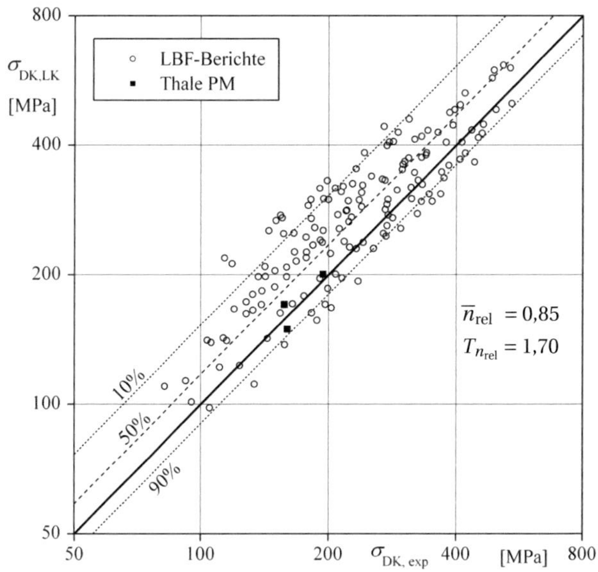

Abb. 4.16: Treffsicherheit der bruchmechanischen Stützzifferansatzes nach LUKÁŠ und KLESNIL

Die formzahlfreie Stützziffer nach VORMWALD und HERTEL (Gl. (2.79)) verwendet ebenfalls die beiden Parameter a_0 und χ'. Allerdings wird hierbei zur Bestimmung der materialcharakteristischen Risslänge a_0 das Modell eines räumlichen Oberflächenrisses mit der Geometriefunktion $Y = 0{,}66$ verwendet. Damit werden die Risslängen im Vergleich zum ebenen Modell bei LUKÁŠ und KLESNIL als deutlich größer berechnet. Die einzelnen Werte für a_0 sind ebenfalls in Tab. A.3 zu finden.

Trotz der im Vergleich zum Modell von LUKÁŠ und KLESNIL größeren Werte für a_0 ergaben sich nach VORMWALD und HERTEL (Gl. (2.79)) sämtliche bruchmechanischen Stützziffern als kleiner eins und wurden deshalb entsprechend der Vorgabe in [90] auf $n_{\mathrm{bm}} = 1$ gesetzt. Da für die verformungsmechanische Stützziffer bei spröden Werkstoffen wie Gusseisen und Sinterstahl ebenfalls $n_{\mathrm{vm}} = 1$ gilt, entspricht die Gesamtstützziffer exakt der statistischen Stützziffer des Fehlstellenmodells: $n_{\mathrm{ges}} = n_{\mathrm{st}}$, vgl. Abb. 4.9. Damit ist auch das Ergebnis der statistischen Auswertung mit $\overline{n}_{\mathrm{rel}} = 1{,}07$ und $T_{n_{\mathrm{rel}}} = 1{,}85$ identisch. Die abgeschätzten Dauerfestigkeiten liegen im Mittel leicht auf der sicheren Seite. Allerdings ist das ebenfalls mit der großen Streuung der statistischen Stützziffer verbunden. Würde für die Berechnung von a_0 ein ebenes Modell anstelle des räumlichen verwendet, wäre das Ergebnis identisch. Mit den kleineren Werten für a_0 unter Verwendung der Geometriefunktion $Y = 1{,}1215$ in Gl. (2.66) steigt die Kerbempfindlichkeit des Materials und die bruchmechanische Stützziffer ergibt noch kleinere Werte.

4.2.7 3D-Rissmodellierung

Zur Berechnung der bruchmechanischen Stützziffer nach Kapitel 3 ist zunächst die Rissgröße a_0 anhand des $\Psi_{\mathrm{I,max}}(a)$-Verlaufes der verwendeten Werkstoffprobe zu ermitteln. Der Verlauf ist in Abschnitt 3.3.2 (Abb. A.7 und Gl. (3.7)) angegeben. Die danach berechneten Werte für a_0 aller in der Datenbasis vorhandenen Werkstoffzustände sind in Tab. A.4 angegeben. Aufgrund der geringeren Beanspruchung von räumlichen Oberflächenrissen im Vergleich zu ebenen Risskonfigurationen bei gleicher Rissgröße liegen die Werte für a_0 über denen in Tab. A.3 angegebenen Werten des Modells nach LUKÁŠ und KLESNIL. Sie liegen jedoch unterhalb derer des Modells von VORMWALD und HERTEL, wo a_0 mit einer konstanten Geometriefunktion $Y_0 = 0{,}66$ berechnet wurde. Wie für die 2D-Stützzifferkonzepte gilt der Materialparameter a_0 nur für schwellende Beanspruchung, wird aber zur Berechnung der Stützziffern des gesamten Datensatzes verwendet.

Weiterhin ist für alle gekerbten Probenformen und Materialzustände $\Psi_{\mathrm{I,max,K}}(a_0)$ zu bestimmen. Dafür wurden für die in Tab. 4.1 aufgeführten 7 möglichen Kombinationen aus Probenform und Belastungsart der Datenbasis insgesamt 324 FE-Rechnungen zur Ermittlung der entsprechenden Rissbeanspruchungen durchgeführt. Die Ergebnisse wurden dann jeweils zu Verläufen $\Psi_{\mathrm{I,max,K}}(a)$ regressiert. Die Verläufe für die Probenformen und Belastungsarten in der Datenbasis sind im Anhang A.4 dokumentiert. Damit sind alle für die Stützziffer nach Gl. (3.5) benötigten Größen bekannt. Das Ergebnis mit den vorhergesagten Dauerfestigkeiten ist in Abb. 4.17 aufgezeigt. Mit $\overline{n}_{\mathrm{rel}} = 1{,}02$ liegen diese im Mittel 2 % unter den experimentell ermittelten und sind somit nahezu exakt. Die Streuung um den Mittelwert liegt mit $T_{n_{\mathrm{rel}}} = 1{,}63$ unterhalb der aller empirischen Ansätze.

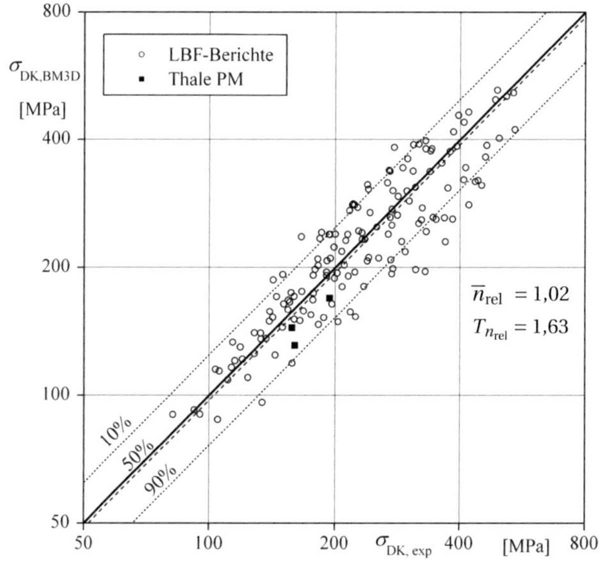

Abb. 4.17: Treffsicherheit des Stützzifferkonzeptes mittels 3D-Rissmodellierung

Auffällig sind die Verläufe $\Psi_{I,max}(a)$ für die gekerbten Biegeproben Ktb20 und Ktb35 in Abb. A.15 und A.19. Diese erreichen bei einer bestimmten Rissgröße ein lokales Maximum, wonach die Rissbeanspruchung wieder abnimmt. Mit steigender Risslänge knickt der Verlauf dann nach oben in einen nahezu geraden Verlauf ab. Das soll anhand der Probe Ktb35 (vgl. Abb. 4.2) kurz erläutert werden. Am Knickpunkt des Verlaufes wechselt der Ort der maximalen Beanspruchung auf der Rissfront von B zu A (Abb. 4.18). Dieser liegt für die bei Biegeproben modellierten Viertelkreisrisse zunächst im Kerbgrund in Punkt B. Mit zunehmender Größe der Risse wandert das im Kerbgrund liegende Rissende immer weiter nach unten in Bereiche kleinerer Beanspruchung. Damit nimmt auch die Rissbeanspruchung an dieser Stelle der Rissfront wieder ab. Sie ist zwar noch die maximal beanspruchte Stelle, doch die Beanspruchung am anderen Ende des Viertelkreisrisses nimmt dabei zu. Ab der den Knickpunkt markierenden Rissgröße ändert sich die Stelle der maximalen Rissbeanspruchung von Punkt B zu A. In Abb. 4.19 sind die Beanspruchungsverläufe entlang der Rissfront für die Rissgrößen 0,4 mm, 1,65 mm und 1,80 mm für die Probe Ktb35 dargestellt. Dabei entspricht die Stelle $s/s_{max} = 1$ der Stelle B. Für $a_0 = 0{,}4$ liegt das Maximum bei B. Bei $a_0 = 1{,}8$ ist die bezogene Rissbeanspruchung bei A soweit angestiegen, dass sie das Maximum bei B übersteigt. Bei $a_0 = 1{,}7$ sind die Maxima in beiden Punkten etwa gleich groß. Die Stützziffer steigt dennoch für die Proben Ktb20 und Ktb35 mit steigendem a_0 monoton an, da der Anstieg des Verlaufs $\Psi_{I,max}(a)$ der Werkstoffprobe Ktz10 stärker ist.

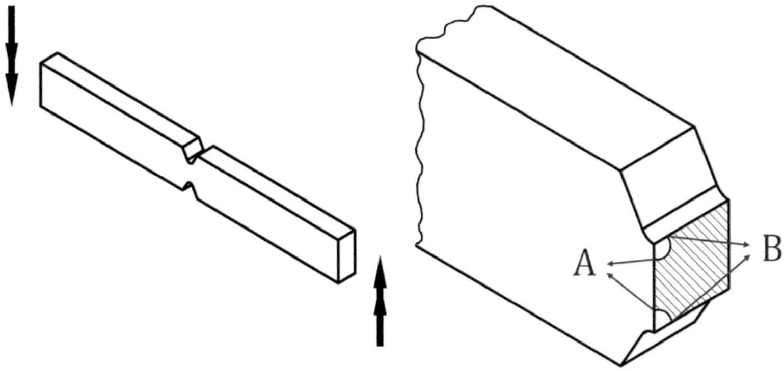

Abb. 4.18: Viertelkreisriss in Biegeprobe Ktb35

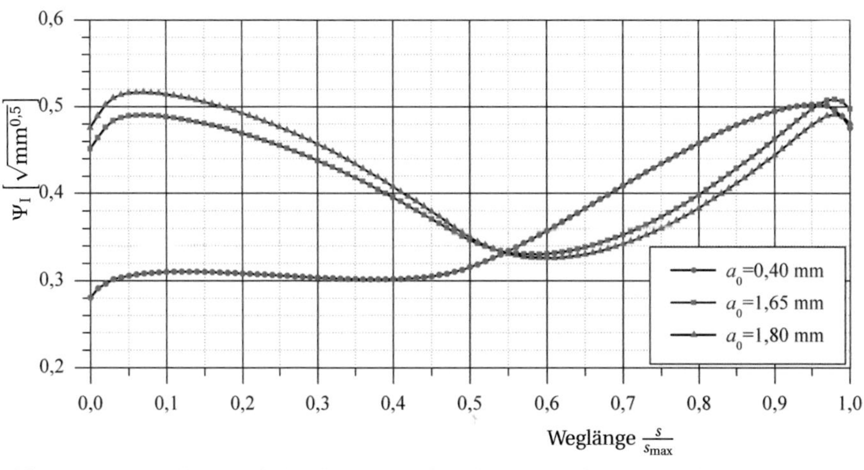

Abb. 4.19: Beanspruchungsverlauf entlang der Rissfront bei verschiedenen Rissgrößen (Probenform Ktb35)

4.2.8 Theory of Critical Distances

Analog zu den verschiedenen Ansätzen für die bruchmechanische Stützziffer wird auch die Stützziffer nach der TCD mit dem bei $R = 0$ bestimmten Materialparameter L für beide Spannungsverhältnisse berechnet. L ist identisch mit a_0, wenn die Berechnung von a_0 mit der Geometriefunktion $Y = 1$ erfolgt. Daher liegt L zwischen den Werten der Konzepte von LUKÁŠ und KLESNIL und VORMWALD und HERTEL. Die konkreten Werte für L sind in Tab. A.3 angegeben.

In der Formulierung der Stützziffer nach Gl. (2.89) wird indirekt unterstellt, dass die Dauerfestigkeit des Materials an ungekerbten Proben mit exakt homogenem Spannungszustand ermittelt wurde. Wie bereits in Abschnitt 3.3.2 für die bruchmechanische Stützziffer gezeigt, ist der Einfluss der finiten Abmessungen der Werkstoffprobe für große Werte von a_0 und damit stark kerbunempfindliche Werkstoffe nicht mehr vernachlässigbar. Das ist auch für die Anwendung der TCD bei Sinterstählen zu beachten. Im Gegensatz zu erschmolzenen Stählen mit deutlich homogenerer Mikrostruktur sind Sinterstähle relativ unempfindlich gegenüber Kerben und weisen somit auch größere Werte für L auf. Reale Werkstoffproben sind sehr schwach gekerbte Probestäbe, die an den Stellen der Einspannung einen größeren Querschnitt haben. Der Übergang erfolgt über große Rundungsradien, womit der Spannungszustand im schmalsten Bereich nicht exakt homogen ist. Bei Werkstoffen mit kleinem L fällt das nicht weiter ins Gewicht. Bei Sintermetallen mit Werten von L teilweise größer 1 mm ergibt sich an der leicht gekerbten Werkstoffprobe Ktz10 bereits eine geringe Stützwirkung im Bezug auf einen ideal homogenen Spannungszustand. Daher ist es konsequent, die Stützziffer eines Bauteils auf die bereits in der Werkstoffprobe vorhandene Stützziffer zu beziehen. Damit kann eine bezogene Stützziffer analog zu Gl. (2.89) wie folgt formuliert werden:

$$n^*_{\mathrm{TCD}} = \frac{\left(\frac{\sigma_{\mathrm{I,max}}}{\sigma_{\mathrm{eff}}}\right)_{\mathrm{Bauteil}}}{\left(\frac{\sigma_{\mathrm{I,max}}}{\sigma_{\mathrm{eff}}}\right)_{\mathrm{WS\text{-}Probe}}}. \tag{4.11}$$

Dieser Sachverhalt ist auch in Abb. 4.20 dargestellt. Die Umformulierung der Stützziffer nach Gl. (4.11) führt besonders bei der LM und VM zu Mittelwerten, die näher bei 1 liegen und zu leicht geringeren Streuspannen. Für alle Stützziffern mit der TCD wurde Gl. (4.11) verwendet.

Die mit den verschiedenen Methoden der TCD vorhergesagten Dauerfestigkeiten sind in den Abbildungen 4.21, 4.22 und 4.23 dargestellt. Dabei zeigen sich zwischen den Methoden deutliche Unterschiede bezüglich der Treffsicherheit. Die beste Vorhersage im Bezug auf sowohl die Streuung $T_{n_{\mathrm{rel}}}$ als auch den Mittelwert $\overline{n}_{\mathrm{rel}}$ bietet dabei die PM. Die Mittelwerte der LM und der VM liegen auf der unsicheren Seite. Ein genereller Unterschied zwischen PM und

LM von bis zu 10% hat bereits TAYLOR [97] festgestellt. Der Mittelwert der VM scheint sich nochmals in gleichem Maße von der LM zu unterscheiden.

Die sehr gute Treffsicherheit der PM hat einen entscheidenden Vorteil: sie ist am einfachsten anzuwenden. Es muss lediglich die Spannung im Abstand $\frac{1}{2} \cdot L$ hinter der maximal beanspruchten Stelle ausgewertet und ins Verhältnis zur „Stützziffer“ der Werkstoffprobe gesetzt werden, um die Stützziffer für das Bauteil zu berechnen. Etwas aufwändiger ist die Anwendung der LM, da sie die Mittelung und damit die Integration des Spannungsverlaufes entlang des Pfades senkrecht in die Bauteiloberfläche beinhaltet. Mit deutlich größerem Aufwand ist die Volumenmittelung zur Berechnung der effektiven Kerbspannung nach der VM verbunden. Hier erweist sich wieder die Methode SPIEL als sehr praktikabel, welche bereits zur Berechnung der statistischen Stützziffer und für das Konzept des höchstbeanspruchten Werkstoffvolumens verwendet wurde. Die Mittelung über dem von einem Halbkreis mit $r_k = 1{,}54 \cdot L$ beschränkten Bereich erfolgt dann wieder auf Knotenbasis. Diesen wird neben einem Wert für die Vergleichsspannung auch ein Volumenanteil zugeordnet und die Mittelung erfolgt diskret. Die AM wurde aufgrund der in Abschnitt 2.8 aufgeführten Probleme nicht angewendet. Das Ergebnis der statistischen Auswertung aller verwendeten Methoden ist in Tab. 4.6 zusammengefasst.

Tab. 4.6: Treffsicherheit der TCD

	PM	LM	VM
$\overline{n}_{rel}$	1,01	0,95	0,86
$T_{n_{rel}}$	1,61	1,70	1,62

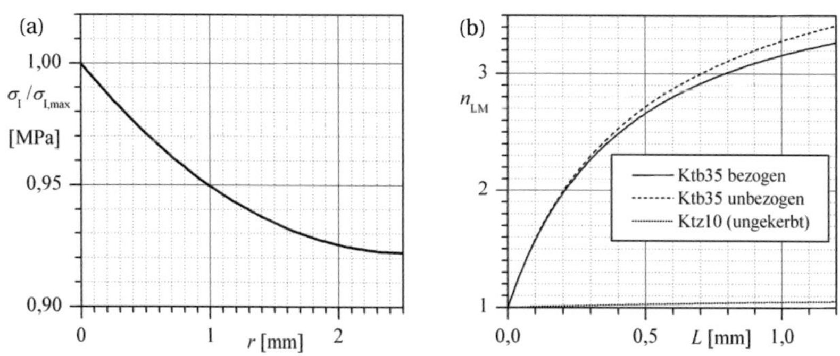

Abb. 4.20: Einfluss des inhomogenen Spannungszustandes in Werkstoffprobe: (a) Spannungsverlauf ungekerbte Probe, (b) Stützziffern nach der LM

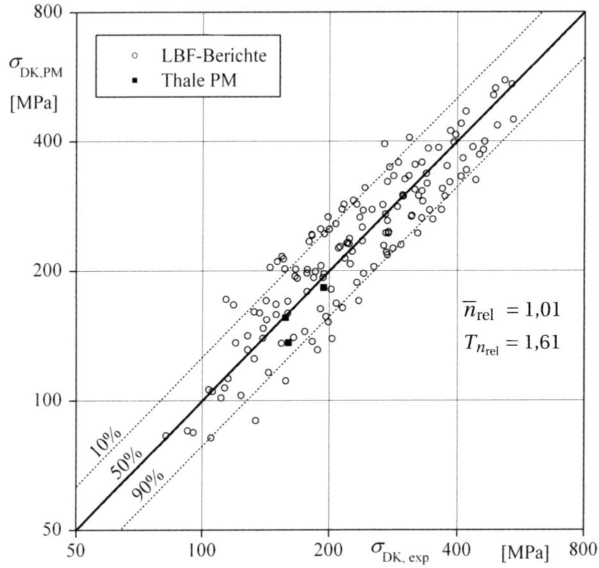

Abb. 4.21: Treffsicherheit der TCD (Point Method)

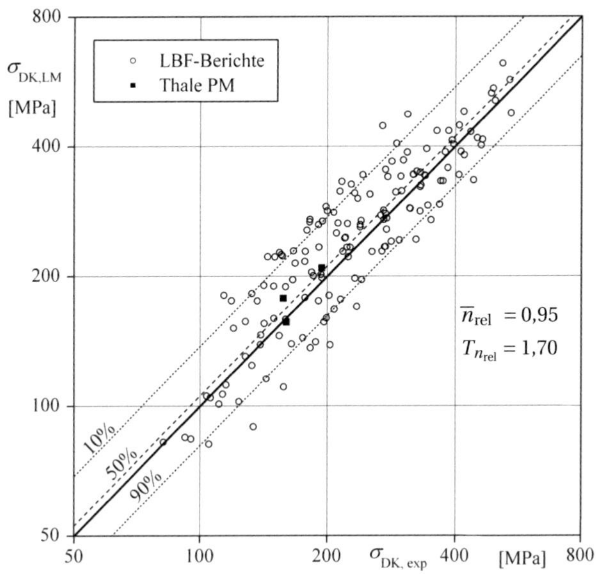

Abb. 4.22: Treffsicherheit der TCD (Line Method)

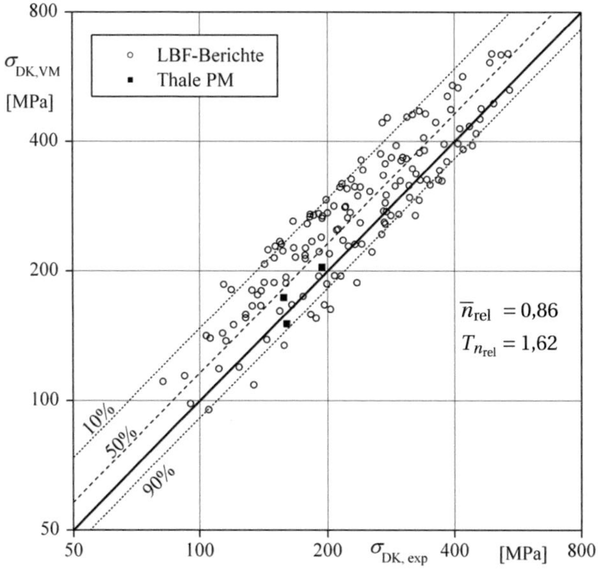

Abb. 4.23: Treffsicherheit der TCD (Volume Method)

4.3 Fazit und Diskussion der Ergebnisse

In diesem Kapitel wurden die experimentell bestimmten Dauerfestigkeiten der zugrunde liegenden Datenbasis mit den verschiedenen empirischen Konzepten und Vorhersagekonzepten nachgerechnet. Dabei wurde die Auswertung auf die Konzepte beschränkt, welche die in der Einleitung (Abschnitt 1.3) formulierten Anforderungen an ein Stützzifferkonzept für Sinterstähle erfüllen. Dazu zählt die mit der Forderung nach Formzahlfreiheit verbundene Anwendbarkeit auf Bauteile beliebiger Geometrie und Belastung. Weiterhin ist möglichst die von der Werkstoffzusammensetzung und der Dichte abhängige individuelle Kerbempfindlichkeit von Sinterstählen zu berücksichtigen. Das wird besonders anhand der unterschiedlichen experimentellen Stützziffern verschiedener Sinterstähle bei gleicher Probenform und -belastung ersichtlich, z. B. in Abb. 4.4 und Abb. 4.13.

Letzteres ist mit den empirischen Konzepten nicht gelungen. Sowohl für die auf dem bezogenen Spannungsgradienten basierende Stützziffer $n_{\chi'}$ als auch für die Stützziffer des höchstbeanspruchten Werkstoffvolumens $n_{V_{90\%}}$ führte die Berücksichtigung der Dichte oder der Zugfestigkeit zu keiner Verbesserung der Treffsicherheit. Dabei werden mit dem höchstbeanspruchten Volumen als phänomenologischem Parameter zur Charakterisierung der Bauteil- bzw. Kerbgeometrie mit einer in dieser Arbeit modifizierten Form die besten Ergebnisse unter den empirischen Konzepten erzielt. Während die nach Streuspanne optimierte und im Mittelwert entsprechend korrigierte übliche Anwendung des $V_{90\%}$-Konzeptes dem Spannungsgradientenansatz vergleichbare Ergebnisse liefert ($T_{n_{rel}}$ = 1,68 bzw. $T_{n_{rel}}$ = 1,69), werden unter Verwendung des modifizierten Ansatzes nach Gleichung (4.9) die experimentellen Stützziffern deutlich besser abgebildet. Folglich zeigt sich für die damit abgeschätzten Dauerfestigkeiten mit $T_{n_{rel}}$ = 1,64 auch eine geringfügig bessere Treffsicherheit.

Der modifizierte Spannungsgradientenansatz nach der FEMFAT-Methode beinhaltet aufgrund der Normierung mit der Biegedauerfestigkeit die prinzipielle Möglichkeit die individuellen Kerbempfindlichkeiten zu berücksichtigen. Allerdings führt die Methode aufgrund der starken Sensitivität der Stützziffer vom Verhältnis $\sigma_D/\sigma_{D,b}$ zu einer deutlich größeren Streuung der abgeschätzten Dauerfestigkeiten als der einfache Spannungsgradientenansatz. Außerdem muss hier mit der Biegedauerfestigkeit ein weiterer Materialparameter experimentell aufwendig bestimmt werden.

Die Treffsicherheit des Mittelwertes ist bei den an die experimentellen Ergebnisse angepassten empirischen Konzepten zwangsläufig gewährleistet. Umso bemerkenswerter sind die sehr guten Ergebnisse einiger Vorhersagekonzepte. Sowohl mit der in dieser Arbeit weiterentwickelten bruchmechanischen Stützziffer als auch mit dem als Point Method bezeichneten Spannungsabstandsansatz der TCD wird der Mittelwert nahezu exakt vorhergesagt ($\overline{n}_{rel}$ = 1,02 bzw. $\overline{n}_{rel}$ = 1,01). Das ist ein entscheidender Punkt, da die Vorhersagemodelle nicht durch Korrekturfaktoren angepasst werden. Zugleich weisen diese beiden Konzepte die geringste Streuung aller untersuchten Stützzifferkonzepte auf (n_{bm} mittels 3D-Rissmodellierung: $T_{n_{rel}}$ = 1,63 bzw. TCD (PM): $T_{n_{rel}}$ = 1,61). Damit zeigt sich, dass mit den Parameter a_0 und L die individuelle Kerbempfindlichkeit einer Werkstoff-Dichte-Kombination in guter Näherung berücksichtigt werden kann. Das ist auch in Abb. 4.24 ersichtlich. Dort sind die experimentellen Stützziffern und die vorhergesagten Stützziffern mit der 3D-Stützziffer über a_0 aufgetragen. Die Kerbempfindlichkeit fällt mit steigendem a_0. Dieser Trend wird von der Vorhersage gut abgebildet. Der Verlauf der berechneten Stützziffer über a_0 ist dabei nicht verallgemeinerbar, sondern von der konkreten Bauteil- bzw. Kerbform abhängig.

Die an ebenen Referenzmodellen abgeleiteten bruchmechanischen Stützziffern sind dem Modell der 3D-Rissmodellierung im Bezug auf Mittelwert und Streuung deutlich unterlegen. Das Modell nach Lukáš und Klesnil überschätzt die Dauerfestigkeiten im Mittel um 15 %. Außerdem ist die Streuung mit $T_{n_{rel}}$ = 1,70 deutlich größer. Die Stützziffer nach Vormwald und Hertel ist mit der statistischen Stützziffer des Fehlstellenmodells identisch, da sich für alle Probengeometrien und Werkstoffe n_{bm} = 1,0 ergab. Das Fehlstellenmodell liegt bezüglich des Mittelwertes um 7 % zu niedrig und zeigt mit $T_{n_{rel}}$ = 1,85 die größte Streuung. Außerdem zeigt die Auswertung im Wahrscheinlichkeitsnetz, dass die Annahme einer logarithmischen Normalverteilung für die relativen Stützziffern zu hinterfragen ist. Ein entschei-

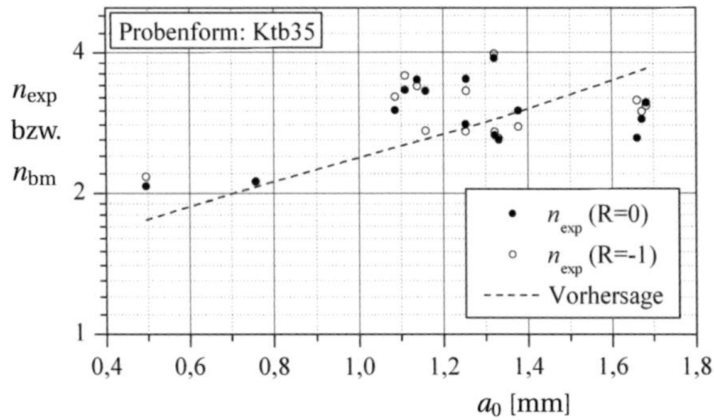

Abb. 4.24: a_0 (3D-Rissmodellierung) als Maß für die individuelle Kerbempfindlichkeit von Sinterstählen am Beispiel der Probenform KTb35

dender Unterschied des Fehlstellenmodells zu den restlichen Vorhersagekonzepten betrifft den die Kerbempfindlichkeit bestimmenden Materialparameter κ. Dieser hat prinzipiell dieselbe Funktion wie a_0 oder L, ist allerdings nicht aus einer Versuchsreihe bestimmbar. Zur Abschätzung einer dem Parameter κ zugrunde liegenden werkstoffcharakteristischen Streuung ist eine Vielzahl von Versuchsergebnissen notwendig.

Damit ist dieses Konzept im Gegensatz zu den anderen Vorhersagekonzepten bezüglich des Aufwandes der Parameterbestimmung den empirischen Konzepten nicht mehr überlegen. Mit $\kappa = 13{,}6$ wurde ein für alle Sinterstähle anzusetzender Parameter angewendet. Dadurch sind die berechneten Stützziffern für eine Probenform bei allen Werkstoffen identisch. Es wird also keine individuelle Kerbempfindlichkeit berücksichtigt. Dafür müsste anhand einer Vielzahl von Versuchen an einem Werkstoff bei konstanter Dichte eine mittlere Streuung ermittelt werden, um jeweils einen charakteristischen Wert für κ zu erhalten. Das würde den notwendigen experimentellen Aufwand weiter steigern.

Die Vorhersagequalität der TCD ist stark vom verwendeten Verfahren abhängig. Mit der PM wird ein vergleichbar gutes Ergebnis wie mit der 3D-Rissmodellierung erreicht. Die LM zeigt eine deutlich größere Streuung auf und überschätzt den Mittelwert mit 6 % leicht. Das in der Anwendung aufwändigste Verfahren, die VM, führt auf eine der PM vergleichbar geringe Streuung, überschätzt allerdings den Mittelwert um ca. 14 % deutlich. Aus diesen Gründen verbleibt die PM als einziges der 3 Verfahren mit einer treffsicheren Vorhersage der Dauerfestigkeit.

In Tab. 4.7 werden die Ergebnisse der Validierung der verschiedenen Konzepte zusammenfassend aufgeführt. Damit lassen sich folgende Feststellungen treffen. Im Vergleich zu den empirischen Konzepten liefern die beiden Vorhersagekonzepte **bruchmechanische Stütz-**

ziffer mittels 3D-Rissmodellierung und **Point Method der TCD** die besten Ergebnisse. Das ist bemerkenswert, da diese Konzepte eine echte Vorhersage treffen und kein angepasstes Modell darstellen. Damit ist prinzipiell gezeigt worden, dass auch für neue, in der Datenbasis nicht enthaltene, Sinterstähle die Dauerfestigkeit vorhergesagt werden kann. Das ist ein für pulvermetallurgisch hergestellte Werkstoffe entscheidender Vorteil, da hier eine große Vielfalt an chemischen Zusammensetzungen und Werkstoffdichten möglich ist. Die Extrapolation der empirischen Modelle auf neue Werkstoffe ist dagegen immer mit Unsicherheit verbunden und im konkreten Fall kritisch zu hinterfragen.

Tab. 4.7: Zusammenfassung der Konzeptvalidierung

Konzept	Mittelwert $\overline{n}_{rel}$	Streuspanne $T_{n_{rel}}$
Spannungsgradientenansatz		
Dichteunabhängig	1,03	1,69
Dichteabhängig	1,02	1,72
Statistischer Größeneinfluss		
$\kappa = 13{,}6$	1,07	1,85
$V_{90\%}$-Konzepte		
Variante 1	0,98	1,73
Variante 2	1,00	1,68
Variante 3	1,02	1,64
Bruchmechanische Konzepte		
LUKÁŠ und KLESNIL	0,85	1,70
3D-Rissmodellierung	1,02	1,63
Theory of Critical Distances		
PM	1,01	1,61
LM	0,95	1,70
VM	0,86	1,62

Die in Kapitel 3 beschriebene 3D-Rissmodellierung zur Berechnung der Stützziffer über die bezogenen Rissbeanspruchungen ist sehr aufwändig. Besonders bei scharfen Kerben ist der Vernetzungsaufwand erheblich. Ein weiteres Problem stellt die Anwendung bei duktileren Werkstoffen als Sinterstählen dar. Diese können auch bei dauerfester Beanspruchung im Kerbbereich bereits erhebliche zyklische plastische Verformungen aufweisen. Damit kann die linear-elastische Bruchmechanik nicht mehr in guter Näherung zur Berechnung der Rissbeanspruchung angewendet werden.

Eine weitere Schwierigkeit liegt in der Bewertung geometrisch sehr komplexer Bauteile. Bei diesen kann die versagenskritische Stelle vorher nicht eindeutig abgeschätzt werden, da der

Ort der maximalen Spannung durch einen großen Beanspruchungsgradienten hinter der Kerbe nicht der Ort der maximal wirksamen Spannung bezüglich der Dauerfestigkeit sein muss. Daher müsste die Berechnung der Stützziffer und die mit ihr verbundene Rissmodellierung an allen potenziell kritischen Stellen erfolgen. Erst dann kann der Ort mit dem niedrigsten Wert σ_{DK} eindeutig bestimmt werden.

Die TCD hat in der Anwendung deutliche Vorteile gegenüber dem bruchmechanischen Konzept mittels 3D-Rissmodellierung. Hier muss lediglich das elastische Spannungsfeld hinter der zu bewertenden versagenskritischen Stelle ausgewertet werden. Die Stützziffer der TCD entspricht dem Verhältnis der nach Abschnitt 2.7.2 berechneten effektiven Kerbspannung und dem elastisch berechneten Maximalwert der Kerbspannung. Damit ist es für die Anwendung in FE-Postprocessoren sehr geeignet und einfach umzusetzen. Die Bewertung von scharfen Kerben bis hin zu Rissen ist mit der TCD problemlos möglich. Für letztere ist die Lösung exakt, da der kritische Abstand am Beispiel eines Risses hergeleitet wurde. Weiterhin beschränken die in Abschnitt 3.4 genannten Anwendungsgrenzen der bruchmechanischen Konzepte (linear-elastisches Materialverhalten, Kleinbereichsfließen) nicht die Anwendung der TCD.

Der Schwerpunkt der Auswertung in Kapitel 4 liegt neben der Validierung der Konzepte auch in ihrer methodischen Aufbereitung. Es werden die notwendigen Schritte zur Kennwertermittlung und Anwendung der verschiedenen Stützzifferkonzepte aufgezeigt. Die konkreten Ergebnisse der statistischen Auswertung sind natürlich durch die Größe der verwendeten Datenbasis beschränkt. Eine weitere Unsicherheit besteht in der Verwendung abgeschätzter Materialkennwerte. Dies betrifft die den LBF-Berichten [123, 124] entnommenen Daten für σ_{D}, σ_{DK} und $\Delta K_{\mathrm{I,th}}$. Die Abschätzung der Dauerfestigkeiten erfolgte für $N_{\mathrm{D}} = 1 \cdot 10^6$ Lastwechsel, analog den synthetischen Wöhlerlinien der FKM Richtlinie. Für das Endergebnis ist es von geringem Unterschied, ob die Wöhlerlinien bei $1 \cdot 10^6$ oder z. B. bei $2 \cdot 10^6$ Lastwechseln abgeschnitten werden, da sich sowohl die Werte σ_{D} als auch σ_{DK} ändern. Die Änderung ist aufgrund der unterschiedlichen Wöhlerlinienexponenten allerdings nicht proportional. Daher sind für die empirischen Konzepte evtl. leicht andere Parameter bei der Festlegung auf $N_{\mathrm{D}} = 2 \cdot 10^6$ zu erwarten. Etwas anders verhält sich das bei den Vorhersagekonzepten, da der Wert für $\Delta K_{\mathrm{I,th}}$ bei Änderung der Knickpunktlastwechselzahl konstant bleibt. Das betrifft die Materialparameter a_0 und L, welche in diesem Fall leicht größere Werte annehmen würden.

Bezüglich des Spannungsverhältnisses zeigten sich keine Unterschiede in den experimentellen Stützziffern zwischen wechselnder und schwellender Beanspruchung. Daher konnten die für $R = 0$ ermittelten Materialparameter a_0 und L auch zur Vorhersage der Dauerfestigkeit bei $R = -1$ verwendet werden. Das entspricht der in der Betriebsfestigkeit getroffenen Annahme gleicher Mittelspannungsempfindlichkeiten für Material und Bauteil. Sollte das für Sinterstähle generell bestätigt werden, wäre die Anwendung der Vorhersagekonzepte deutlich einfacher, da der Schwellwert des zyklischen Rissfortschritts häufig nur für $R = 0$ bestimmt wird und dies auch mit geringerem experimentellen Aufwand verbunden ist.

Mit den dargelegten Stützzifferkonzepten kann die Dauerfestigkeit σ_{DK} für Bauteile aus Sinterstahl berechnet werden. Damit ist der Grundstein für die Abschätzung entsprechender synthetischer Wöhlerlinien gelegt. Für den dazugehörigen Wöhlerlinienexponenten k des Zeitfestigkeitsbereichs und die Abknicklastwechselzahl in die Dauerfestigkeit N_{D} werden in verschiedenen Richtlinien unterschiedliche Ansätze verfolgt. So wird z. B. in [6] der Exponent aus der Formzahl sowie dem Verhältnis aus Fließgrenze und Dauerfestigkeit abgeschätzt. Aufgrund der starken Streuung der abgeschätzten Exponenten und Abknicklastwechselzahlen schlug HAIBACH [134] vor k unabhängig von der Kerbform auf einen konstanten Wert festzusetzten. Das wurde auch in die FKM-Richtlinie [2] übernommen. So gilt dort für normalspannungsbeanspruchte, gekerbte Bauteile aus Stahl und Eisengusswerkstoff $k = 5$ und $N_{\mathrm{D}} = 1 \cdot 10^6$. Bei den in Thale PM [30] ermittelten Bauteilwöhlerlinien für $R = -1$ zeigen bei Sinterstahl Wöhlerlinienexponenten zwischen $k = 4.9$ und $k = 6.9$. Bei schwellender Beanspruchung liegen die Werte leicht darüber, womit die Wöhlerlinien flacher abfallen. Beides deckt sich mit den Ergebnissen aus [123, 124]. Damit liegen die Exponenten im Bereich von denen erschmolzener Stähle. Aufgrund des bisherigen Wissensstandes erscheint es vertretbar auch bei Sinterstählen für synthetische Wöhlerlinien einen von der Bauteilform unabhängigen Exponenten von $k = 5 \ldots 7$ zu verwenden.

5 Zusammenfassung und Ausblick

Die vorliegende Arbeit beschäftigt sich mit dem Problemfeld der Kerbwirkung bei zyklischer Beanspruchung und mit den Möglichkeiten diese quantitativ in Form von Stützzifferkonzepten am Beispiel von Sinterstahl zu erfassen. Die verwendeten Verfahren sind jedoch konzeptbedingt nicht auf diese Werkstoffgruppe beschränkt, sondern können prinzipiell bei anderen metallischen Werkstoffen angewendet werden. Die Bewertung der Konzepte hat den Fokus auf den spezifischen Anforderungen, die sich für Bauteile aus Sinterstahl ergeben. Dazu zählt die stark von Werkstoff und Dichte abhängige Kerbempfindlichkeit des Werkstoffs und die mögliche Formenvielfalt pulvermetallurgisch hergestellter Bauteile. Es wurden dafür vorhandene Konzepte und eine in dieser Arbeit weiterentwickelte, verallgemeinerte Form der bruchmechanischen Stützziffer betrachtet.

Stützzifferkonzepte lassen sich prinzipiell in zwei Gruppen unterteilen. Die erste Gruppe umfasst die empirischen Konzepte. Sie werden anhand von Versuchsergebnisse an ebendiese angepasst. Die Extrapolation über deren Gültigkeitsbereich hinaus ist mit schwer abschätzbaren Unsicherheiten verbunden. Demgegenüber beinhaltet die zweite Gruppe die Vorhersagekonzepte. Diese erlauben eine Vorhersage der Stützziffer bzw. Dauerfestigkeit, i. e. ohne Anpassung empirischer Parameter. Das ist durch die Berücksichtigung des Schwellwertes des zyklischen Rissfortschritts möglich. Dieser führt zusammen mit der Werkstoffdauerfestigkeit auf einen für die Kerbempfindlichkeit des Materials charakteristischen Längenparameter, die Risslänge a_0 bzw. den Parameter L. Zeigt sich für diese Konzepte eine gute Treffsicherheit, so kann dies als Indiz gewertet werden, dass auch für weitere Werkstoffe die Vorhersage zutrifft.

Für die empirischen Konzepte, basierend auf dem Spannungsgradienten und dem höchstbeanspruchten Werkstoffvolumen, ergibt sich ein bezüglich der Treffsicherheit der abgeschätzten Dauerfestigkeiten vergleichbares Ergebnis. Es konnte jedoch gezeigt werden, dass mit einer alternativen mathematischen Formulierung der auf dem höchstbeanspruchten Volumen basierenden Stützziffer eine geringere Streuung der Abschätzung erzielt werden kann.

Als Vorhersagekonzepte wurden die statistische Stützziffer nach dem Fehlstellenmodell, verschiedene Formulierungen der bruchmechanischen Stützziffer und die Theory of Critical Distances untersucht. Dabei führte die statistische Stützziffer auf eine starke Streuung der vorhergesagten Dauerfestigkeiten. Die bruchmechanischen Konzepte basieren auf ebenen Referenzgeometrien und beinhalten daher bei der Anwendung auf komplexe Bauteile das Problem der Übertragbarkeit. Um die Anwendung auf Bauteile mit beliebigen Kerben zu ermöglichen, wurde in Kapitel 3 eine Verfahrensweise aufgezeigt, die Stützziffer durch direkte Modellierung räumlicher Oberflächenrisse in der zu bewertenden Bauteilkerbe und damit ohne Übertragbarkeitsproblem zu berechnen. Die Stützziffer entspricht dabei dem Verhältnis der maximalen bezogenen Spannungsintensitätsfaktoren (entlang der Rissfront) von Rissen der Größe a_0 aus Werkstoffprobe und Bauteil. Der Wert für a_0 ist dabei selbst von der konkreten Geometrie der Werkstoffprobe abhängig. Für die Rissgeometrie wurde aus Gründen der Vergleichbarkeit der Beanspruchung von Rissen in ungekerbten Proben und im Kerbgrund die Halbkreis- bzw. Viertelkreisform gewählt. Zur Ermittlung der Verläufe der maximalen bezogenen Spannungsintensitätsfaktoren zur Risslänge wurden insgesamt 324 FE-Rechnungen durchgeführt.

Mit diesem neuen Konzept wird eine den ebenen bruchmechanischen Modellen gegenüber deutlich verbesserte Treffsicherheit erzielt. Das betrifft sowohl den Mittelwert, welcher nahezu exakt die experimentellen Ergebnisse trifft, als auch die Streuung, welche deutlich kleiner ist. Dies gilt besonders auch im Vergleich zu den empirischen Konzepten. Ein der Treffsicherheit der weiterentwickelten bruchmechanischen Stützziffer vergleichbares Verfahren stellt die Point Method der Theory of Critical Distances dar. Die Ergebnisse der statistischen Auswertung für beide Konzepte stimmen nahezu exakt überein. Dabei bleibt festzustellen, dass die Anwendung der TCD deutlich einfacher ist und als Auswertung einer linear-elastischen Beanspruchungsrechnung des Bauteils erfolgen kann. Sie eignet sich daher besonders für FE-Postprocessoren. Die aufwändige Modellierung von Rissen ist hier nicht notwendig. Daher ist diese Methode zweifellos in der praktischen Anwendung vorzuziehen.

Im Ausblick auf zukünftige Forschungsaktivitäten ist es aus Sicht des Autors erstrebenswert, die Treffsicherheit der TCD anhand einer breiten Basis verschiedener Konstruktionswerkstoffe zu bewerten. Insofern wäre es wünschenswert die bereits umfangreich vorhandene Datenbasis mit Schwellwerten $\Delta K_{\mathrm{I,th}}$ bei $R \geq 0$ (z. B. [135, 136]) in gleichem Maße auch für wechselnde Beanspruchung auszubauen.

A Anhang

A.1 Datenbasis

Tab. A.1: Charakterisierung der untersuchten Werkstoffe (Thale PM [30])

Werkstoff	chem. Zusammensetzung	Dichte ρ $\left[\frac{g}{cm^3}\right]$
Sint-D11	Fe Cu1,5 C0,6	6,9
Sint-D35	Fe P0,45	6,9

Tab. A.2: Elastische Materialkonstanten (Thale PM) [30]

Werkstoff	Querkontraktionszahl	E-Modul [MPa]
Sint-D11	0,27	125050
Sint-D35	0,28	141820

Tab. A.3: Werkstoffkennwerte für bruchmechanische Stützziffern (2D) und TCD, Spannungsverhältnis $R = 0$, aus [30, 123, 124]

Quelle	Werkstoff	Dichte ρ $\left[\frac{g}{cm^3}\right]$	σ_D [MPa] $N_D = 10^6$	$\Delta K_{I,th}$ $\left[N \cdot mm^{-\frac{3}{2}}\right]$	a_0 [mm] $Y_0 = 1{,}12$	a_0 [mm] $Y_0 = 0{,}66$	L [mm]
LBF 158	Fe-Cu-C	6,60	85,4	320	0,89	2,56	1,12
		6,92	112,7	360	0,65	1,86	0,81
		7,19	139,7	420	0,57	1,65	0,72
	Fe-Cu-Ni	6,57	83,3	310	0,88	2,53	1,10
		6,85	105,4	390	0,87	2,50	1,09
		7,13	131,3	410	0,62	1,78	0,78
		7,28	144,8	450	0,61	1,76	0,77
LBF 170	Fe-Cu	6,8	82,1	230	0,50	1,43	0,63
		7,1	90,1	280	0,61	1,76	0,77
		7,4	137,2	380	0,49	1,40	0,61
	Fe-P	6,8	84,4	240	0,51	1,48	0,64
		7,1	116,4	350	0,57	1,65	0,72
		7,4	139,3	400	0,52	1,51	0,66
	Fe-Cu-C (vergütet)	6,8	156,9	290	0,22	0,62	0,27
		7,1	170,6	390	0,33	0,95	0,42
Thale PM	Sint-D11	6,9	85,7	230	0,46	1,32	0,57
	Sint-D35	6,9	92,4	270	0,54	1,56	0,68

Tab. A.4: Werkstoffkennwert a_0 für die bruchmechanische Stützziffer mittels 3D-Rissmodellierung, $R = 0$

Quelle	Werkstoff	Dichte $\rho\left[\frac{g}{cm^3}\right]$	a_0 [mm] $Y = f(a_0)$, $R = 0$
LBF 158	Fe-Cu-C	6,60	1,68
		6,92	1,38
		7,19	1,25
	Fe-Cu-Ni	6,57	1,67
		6,85	1,66
		7,13	1,33
		7,28	1,32
LBF 170	Fe-Cu	6,8	1,11
		7,1	1,32
		7,4	1,09
	Fe-P	6,8	1,14
		7,1	1,25
		7,4	1,16
	Fe-Cu-C (vergütet)	6,8	0,50
		7,1	0,76
Thale PM	Sint-D11	6,9	1,02
	Sint-D35	6,9	1,19

Tab. A.5: Datenbasis: Werkstoffdauerfestigkeiten, aus [30, 123, 124]

Quelle	Werkstoff	Dichte $\left[\frac{g}{cm^3}\right]$	R	σ_D [MPa]
LBF 158	Fe-Cu-C	6,60	-1	107,4
			0	85,4
		6,92	-1	147,3
			0	112,7
		7,19	-1	179,6
			0	139,7
	Fe-Cu-Ni	6,57	-1	106,4
			0	83,3
		6,85	-1	125,4
			0	105,4
		7,13	-1	160,1
			0	131,3
		7,28	-1	181,8
			0	144,8
LBF 170	Fe-Cu	6,8	-1	103,0
			0	82,1
		7,1	-1	111,4
			0	90,1
		7,4	-1	168,5
			0	137,2
	Fe-P	6,8	-1	106,1
			0	84,4
		7,1	-1	140,2
			0	116,4
		7,4	-1	197,5
			0	139,3
	Fe-Cu-C (vergütet)	6,8	-1	229,0
			0	156,9
		7,1	-1	224,4
			0	170,6
Thale PM	Sint-D11	6,9	0	85,7
	Sint-D35	6,9	-1	108,6
			0	92,4

Tab. A.6: Datenbasis: experimentell ermittelte Dauerfestigkeiten, aus [30, 123, 124]

Quelle	Werkstoff	$\rho\left[\frac{g}{cm^3}\right]$	R	Belastung	Probenform	σ_{DK} [MPa]	n_{exp}
LBF 158	Fe-Cu-C	6,60	-1	Zug-Druck	Ktz28	154,2	1,44
			-1	Zug-Druck	Ktz34	312,9	2,91
			-1	Biegung	Ktb10	113,0	1,05
			-1	Biegung	Ktb20	185,2	1,72
			-1	Biegung	Ktb35	330,4	3,08
			0	Zug-Druck	Ktz28	113,8	1,33
			0	Zug-Druck	Ktz34	217,7	2,55
			0	Biegung	Ktb10	92,2	1,08
			0	Biegung	Ktb20	149,6	1,75
			0	Biegung	Ktb35	267,2	3,13
		6,92	-1	Zug-Druck	Ktz28	198,5	1,35
			-1	Zug-Druck	Ktz34	383,9	2,61
			-1	Biegung	Ktb10	139,4	0,95
			-1	Biegung	Ktb20	239,2	1,62
			-1	Biegung	Ktb35	409,1	2,78
			0	Zug-Druck	Ktz28	144,7	1,28
			0	Zug-Druck	Ktz34	275,9	2,45
			0	Biegung	Ktb10	115,1	1,02
			0	Biegung	Ktb20	193,5	1,72
			0	Biegung	Ktb35	338,5	3,00
		7,19	-1	Zug-Druck	Ktz28	242,6	1,35
			-1	Zug-Druck	Ktz34	451,2	2,51
			-1	Biegung	Ktb10	177,0	0,99
			-1	Biegung	Ktb20	298,7	1,66
			-1	Biegung	Ktb35	486,8	2,71
			0	Zug-Druck	Ktz28	181,6	1,30
			0	Zug-Druck	Ktz34	331,9	2,38
			0	Biegung	Ktb10	139,1	1,00
			0	Biegung	Ktb20	219,9	1,57
			0	Biegung	Ktb35	392,7	2,81
	Fe-Cu-Ni	6,57	-1	Zug-Druck	Ktz28	155,7	1,46
			-1	Zug-Druck	Ktz34	330,2	3,10
			-1	Biegung	Ktb10	103,6	0,97

Fortsetzung auf der nächsten Seite

Datenbasis – Fortsetzung

Quelle	Werkstoff	$\rho \left[\frac{g}{cm^3}\right]$	R	Belastung	Probenform	σ_{DK} [MPa]	n_{exp}
			-1	Biegung	Ktb20	194,1	1,82
			-1	Biegung	Ktb35	318,6	2,99
			0	Zug-Druck	Ktz28	118,7	1,43
			0	Zug-Druck	Ktz34	224,0	2,69
			0	Biegung	Ktb10	81,9	0,98
			0	Biegung	Ktb20	142,1	1,71
			0	Biegung	Ktb35	240,4	2,89
		6,85	-1	Zug-Druck	Ktz28	190,5	1,52
			-1	Zug-Druck	Ktz34	369,3	2,95
			-1	Biegung	Ktb10	132,8	1,06
			-1	Biegung	Ktb20	222,4	1,77
			-1	Biegung	Ktb35	396,6	3,16
			0	Zug-Druck	Ktz28	150,3	1,43
			0	Zug-Druck	Ktz34	274,0	2,60
			0	Biegung	Ktb10	105,8	1,00
			0	Biegung	Ktb20	165,7	1,57
			0	Biegung	Ktb35	277,4	2,63
		7,13	-1	Zug-Druck	Ktz28	231,8	1,45
			-1	Zug-Druck	Ktz34	420,6	2,63
			-1	Biegung	Ktb10	159,5	1,00
			-1	Biegung	Ktb20	271,1	1,69
			-1	Biegung	Ktb35	419,5	2,62
			0	Zug-Druck	Ktz28	179,1	1,36
			0	Zug-Druck	Ktz34	289,5	2,21
			0	Biegung	Ktb10	128,1	0,98
			0	Biegung	Ktb20	226,6	1,73
			0	Biegung	Ktb35	342,1	2,61
		7,28	-1	Zug-Druck	Ktz28	274,1	1,51
			-1	Zug-Druck	Ktz34	434,9	2,39
			-1	Biegung	Ktb10	202,0	1,11
			-1	Biegung	Ktb20	330,4	1,82
			-1	Biegung	Ktb35	491,7	2,71
			0	Zug-Druck	Ktz28	207,2	1,43

Fortsetzung auf der nächsten Seite

Datenbasis – Fortsetzung

Quelle	Werkstoff	$\rho\left[\frac{g}{cm^3}\right]$	R	Belastung	Probenform	σ_{DK} [MPa]	n_{exp}
			0	Zug-Druck	Ktz34	317,9	2,19
			0	Biegung	Ktb10	174,9	1,21
			0	Biegung	Ktb20	275,6	1,90
			0	Biegung	Ktb35	385,5	2,66
LBF 170	Fe-Cu	6,80	-1	Zug-Druck	Ktz28	141,8	1,38
			-1	Zug-Druck	Ktz34	166,3	1,62
			-1	Biegung	Ktb10	123,5	1,20
			-1	Biegung	Ktb20	215,1	2,09
			-1	Biegung	Ktb35	367,3	3,57
			0	Zug-Druck	Ktz28	120,0	1,46
			0	Zug-Druck	Ktz34	132,6	1,62
			0	Biegung	Ktb10	105,0	1,28
			0	Biegung	Ktb20	187,7	2,29
			0	Biegung	Ktb35	272,7	3,32
		7,10	-1	Zug-Druck	Ktz28	176,9	1,59
			-1	Zug-Druck	Ktz34	223,2	2,00
			-1	Biegung	Ktb10	157,8	1,42
			-1	Biegung	Ktb20	232,3	2,09
			-1	Biegung	Ktb35	442,2	3,97
			0	Zug-Druck	Ktz28	136,7	1,52
			0	Zug-Druck	Ktz34	167,9	1,86
			0	Biegung	Ktb10	133,8	1,48
			0	Biegung	Ktb20	199,1	2,21
			0	Biegung	Ktb35	350,3	3,89
		7,40	-1	Zug-Druck	Ktz28	252,3	1,50
			-1	Zug-Druck	Ktz34	301,6	1,79
			-1	Biegung	Ktb10	207,7	1,23
			-1	Biegung	Ktb20	312,4	1,85
			-1	Biegung	Ktb35	541,8	3,21
			0	Zug-Druck	Ktz28	210,1	1,53
			0	Zug-Druck	Ktz34	235,9	1,72
			0	Biegung	Ktb10	182,3	1,33
			0	Biegung	Ktb20	274,3	2,00

Fortsetzung auf der nächsten Seite

Datenbasis – Fortsetzung

Quelle	Werkstoff	$\rho\left[\frac{g}{cm^3}\right]$	R	Belastung	Probenform	σ_{DK} [MPa]	n_{exp}
			0	Biegung	Ktb35	412,8	3,01
	Fe-P	6,80	-1	Zug-Druck	Ktz28	159,5	1,57
			-1	Zug-Druck	Ktz34	177,4	1,75
			-1	Biegung	Ktb10	110,8	1,09
			-1	Biegung	Ktb20	190,5	1,88
			-1	Biegung	Ktb35	344,4	3,39
			0	Zug-Druck	Ktz28	128,2	1,52
			0	Zug-Druck	Ktz34	149,5	1,77
			0	Biegung	Ktb10	95,1	1,13
			0	Biegung	Ktb20	154,1	1,83
			0	Biegung	Ktb35	295,2	3,50
		7,10	-1	Zug-Druck	Ktz28	194,7	1,39
			-1	Zug-Druck	Ktz34	227,5	1,62
			-1	Biegung	Ktb10	164,7	1,17
			-1	Biegung	Ktb20	220,8	1,57
			-1	Biegung	Ktb35	463,9	3,31
			0	Zug-Druck	Ktz28	156,8	1,35
			0	Zug-Druck	Ktz34	182,0	1,56
			0	Biegung	Ktb10	143,6	1,23
			0	Biegung	Ktb20	183,6	1,58
			0	Biegung	Ktb35	408,4	3,51
		7,40	-1	Zug-Druck	Ktz28	283,9	1,44
			-1	Zug-Druck	Ktz34	270,0	1,37
			-1	Biegung	Ktb10	241,1	1,22
			-1	Biegung	Ktb20	340,1	1,72
			-1	Biegung	Ktb35	537,3	2,72
			0	Zug-Druck	Ktz28	239,1	1,72
			0	Zug-Druck	Ktz34	214,1	1,54
			0	Biegung	Ktb10	203,0	1,46
			0	Biegung	Ktb20	282,7	2,03
			0	Biegung	Ktb35	460,8	3,31
	Fe-Cu-C (vergütet)	6,80	-1	Zug-Druck	Ktz28	297,7	1,30
			-1	Zug-Druck	Ktz34	308,2	1,35

Fortsetzung auf der nächsten Seite

Datenbasis – Fortsetzung

Quelle	Werkstoff	$\rho\left[\frac{g}{cm^3}\right]$	R	Belastung	Probenform	σ_{DK} [MPa]	n_{exp}
			-1	Biegung	Ktb10	268,8	1,17
			-1	Biegung	Ktb20	373,9	1,63
			-1	Biegung	Ktb35	497,1	2,17
			0	Zug-Druck	Ktz28	191,0	1,22
			0	Zug-Druck	Ktz34	211,8	1,35
			0	Biegung	Ktb10	196,5	1,25
			0	Biegung	Ktb20	254,7	1,62
			0	Biegung	Ktb35	324,5	2,07
		7,10	-1	Zug-Druck	Ktz28	291,1	1,19
			-1	Zug-Druck	Ktz34	308,9	1,26
			-1	Biegung	Ktb10	323,1	1,32
			-1	Biegung	Ktb20	378,7	1,55
			-1	Biegung	Ktb35	517,4	2,12
			0	Zug-Druck	Ktz28	199,8	1,17
			0	Zug-Druck	Ktz34	216,4	1,27
			0	Biegung	Ktb10	234,8	1,38
			0	Biegung	Ktb20	271,5	1,59
			0	Biegung	Ktb35	361,8	2,12
Thale PM	Sint-D11	6,9	0	Zug-Druck	Ktz25	160,2	1,87
	Sint-D35	6,9	-1	Zug-Druck	Ktz25	194,0	1,79
			0	Zug-Druck	Ktz25	157,5	1,70

A.2 Auswertung im Wahrscheinlichkeitsnetz

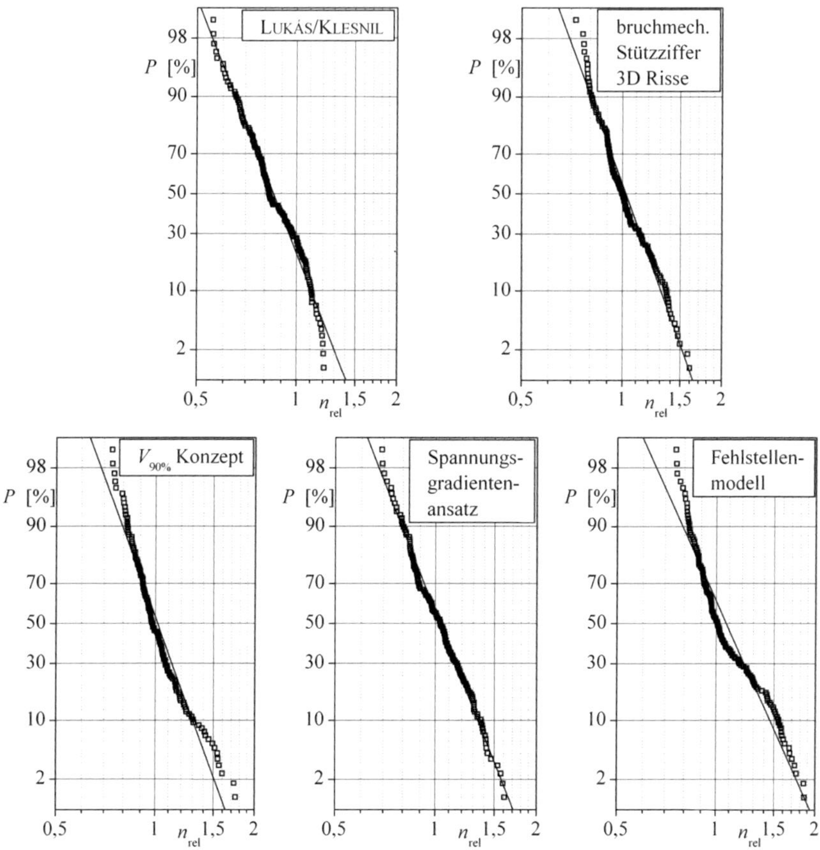

Abb. A.1: Auswertung der verschiedenen Konzepte im Wahrscheinlichkeitsnetz

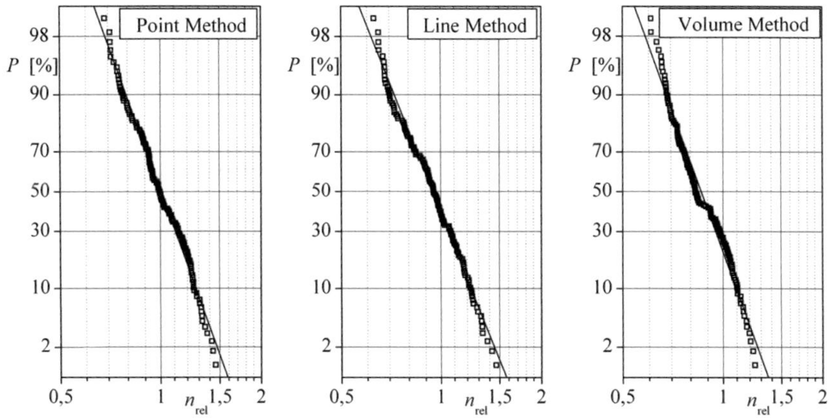

Abb. A.2: Auswertung der TCD im Wahrscheinlichkeitsnetz

A.3 Stützziffern der TCD

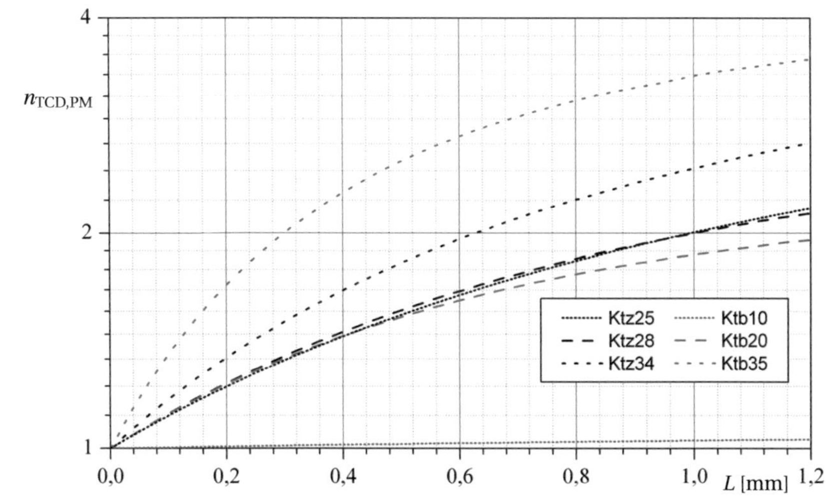

Abb. A.3: Abhängigkeit Stützziffer der TCD (PM) für die untersuchten Probengeometrien vom Materialparameter L

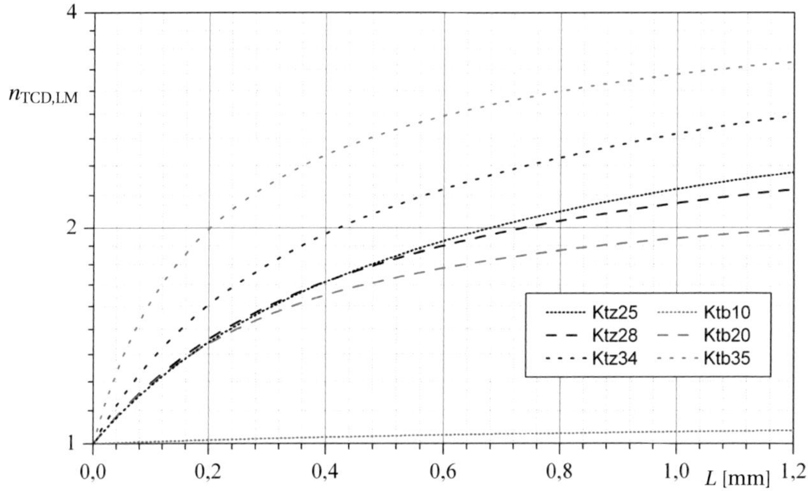

Abb. A.4: Abhängigkeit Stützziffer der TCD (LM) für die untersuchten Probengeometrien vom Materialparameter L

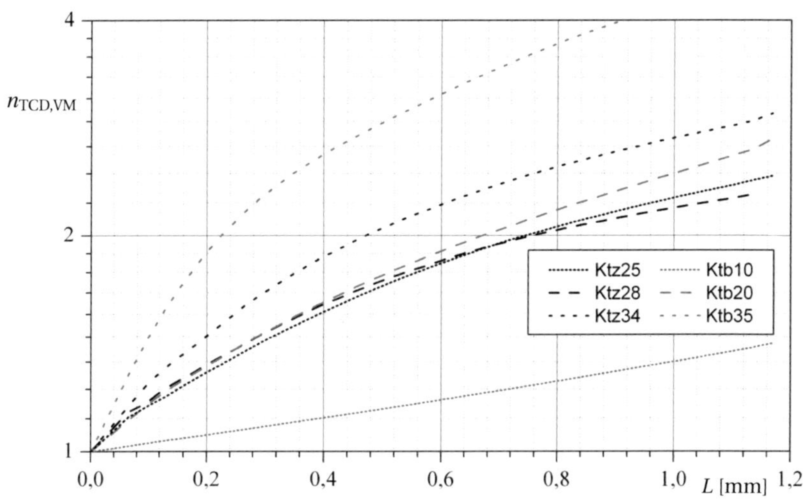

Abb. A.5: Abhängigkeit Stützziffer der TCD (VM) für die untersuchten Probengeometrien vom Materialparameter L

A.4 Spannungsintegrale und Rissbeanspruchungen

Probe Ktz10

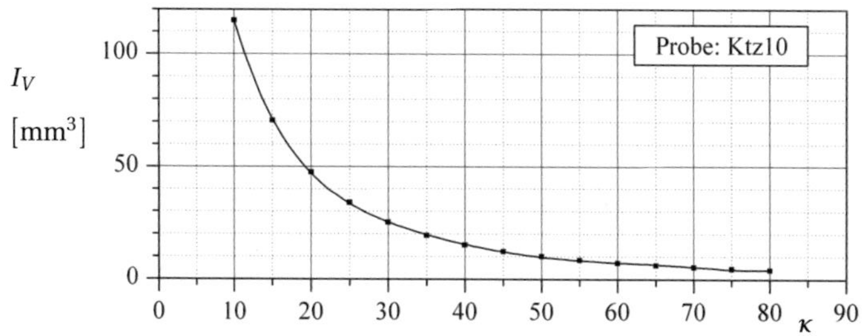

Abb. A.6: Abhängigkeit des Spannungsintegrals I_V vom Weibull-Exponenten κ (Ktz10)

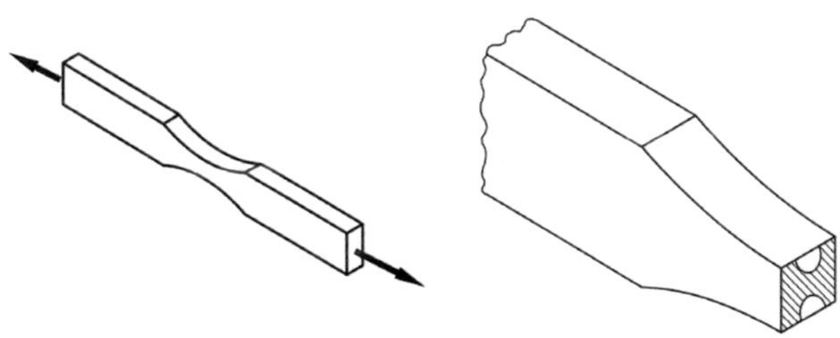

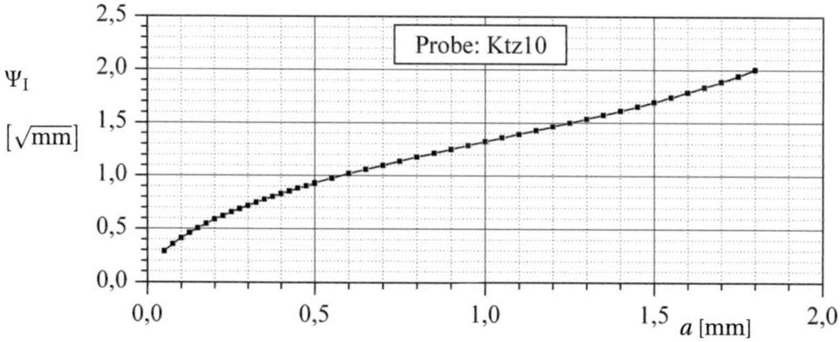

Abb. A.7: Bezogene Rissbeanspruchung (Ktz10)

Probe Ktb10

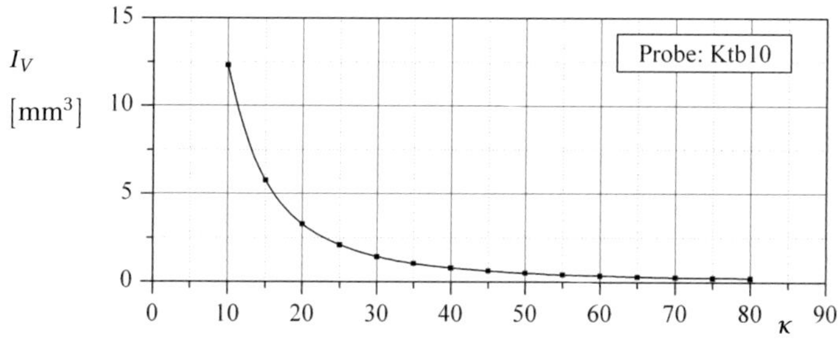

Abb. A.8: Abhängigkeit des Spannungsintegrals I_V vom Weibull-Exponenten κ (Ktb10)

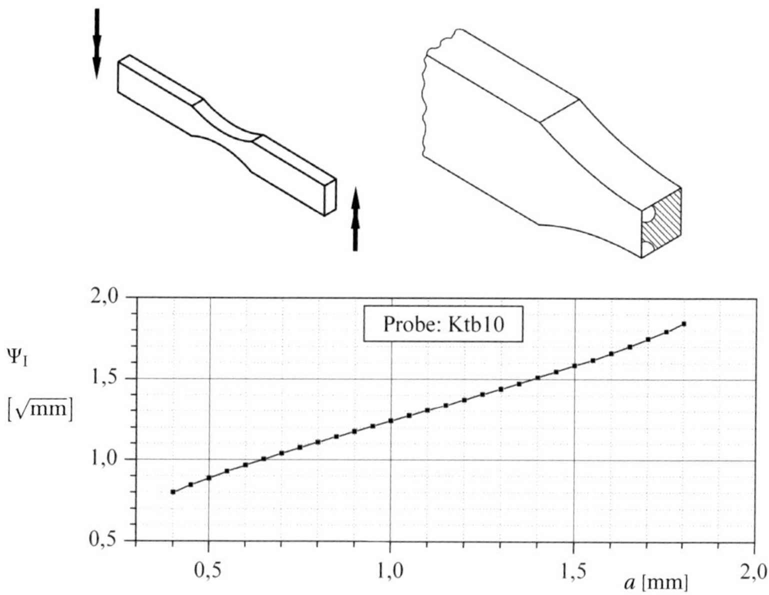

Abb. A.9: Bezogene Rissbeanspruchung (Ktb10)

Probe Ktz25

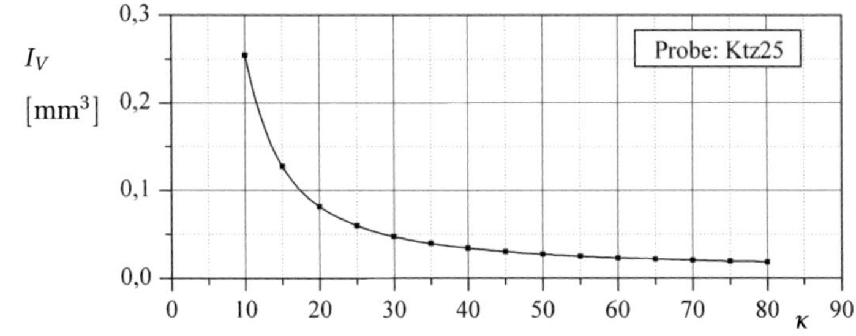

Abb. A.10: Abhängigkeit des Spannungsintegrals I_V vom Weibull-Exponenten κ (Ktz25)

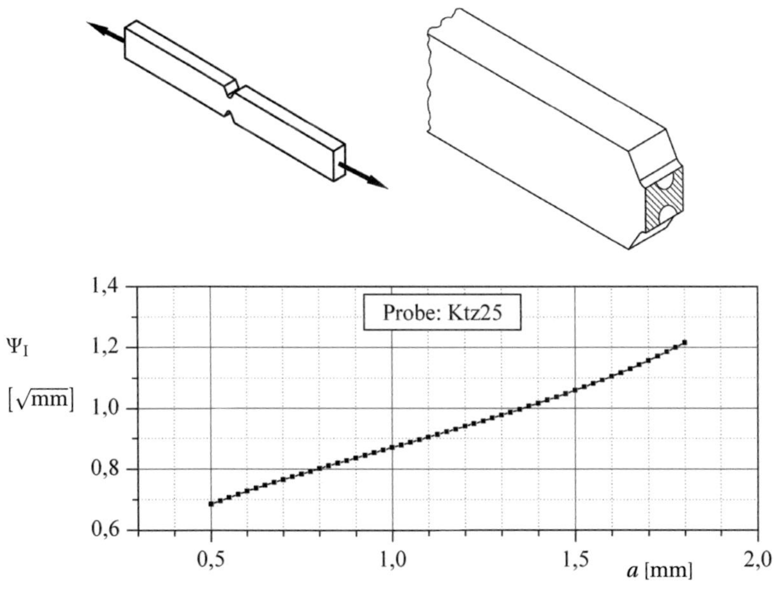

Abb. A.11: Bezogene Rissbeanspruchung (Ktz25)

Probe Ktz28

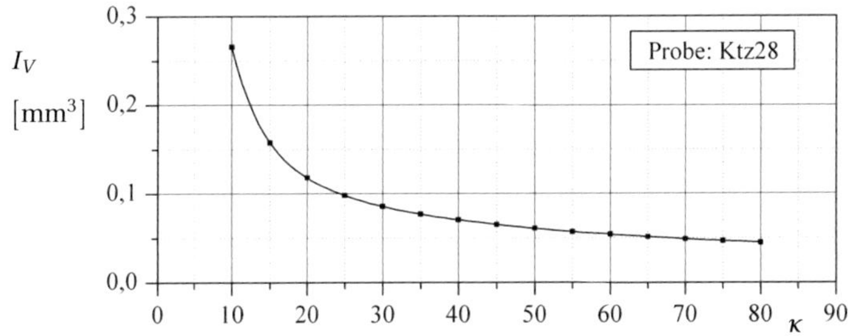

Abb. A.12: Abhängigkeit des Spannungsintegrals I_V vom Weibull-Exponenten κ (Ktz28)

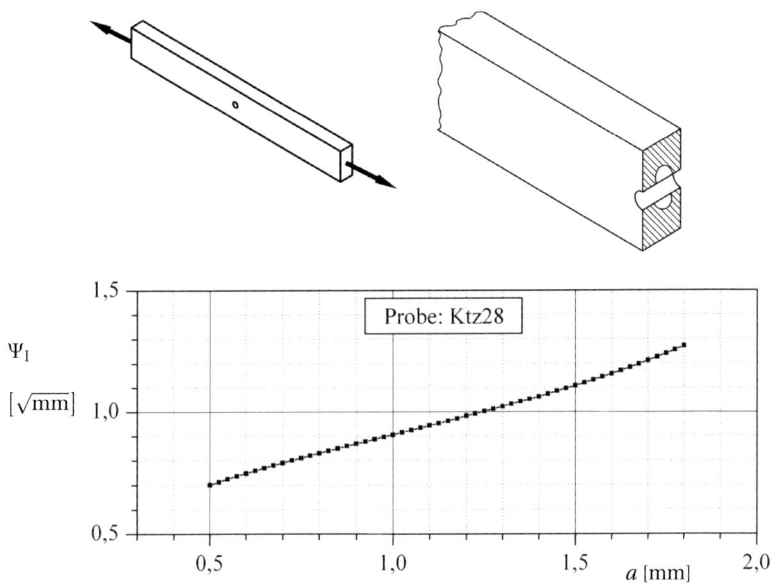

Abb. A.13: Bezogene Rissbeanspruchung (Ktz28)

Probe Ktb20

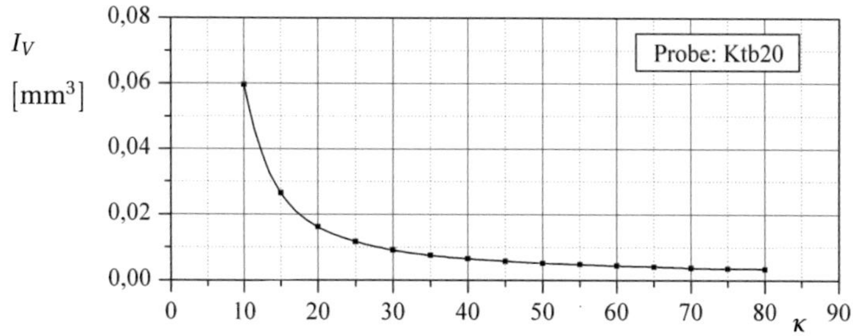

Abb. A.14: Abhängigkeit des Spannungsintegrals I_V vom Weibull-Exponenten κ (Ktb20)

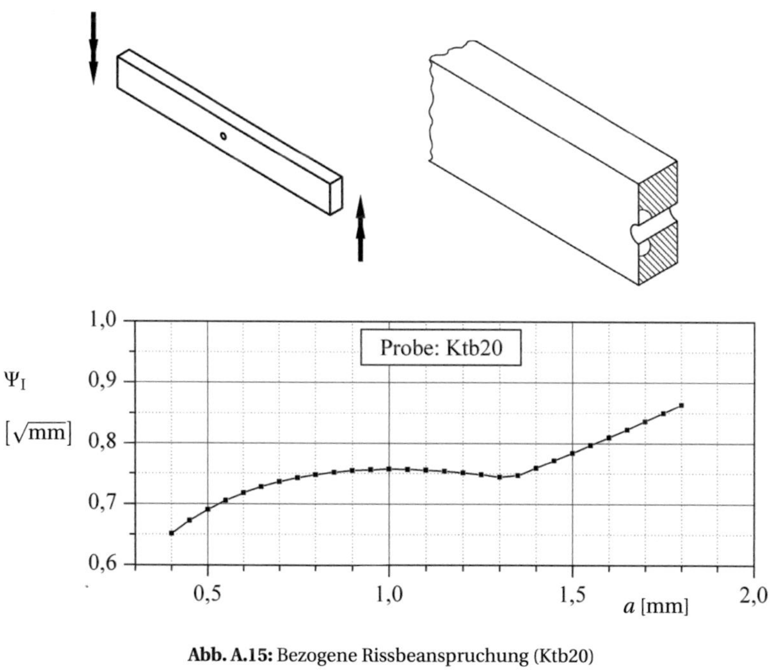

Abb. A.15: Bezogene Rissbeanspruchung (Ktb20)

Probe Ktz34

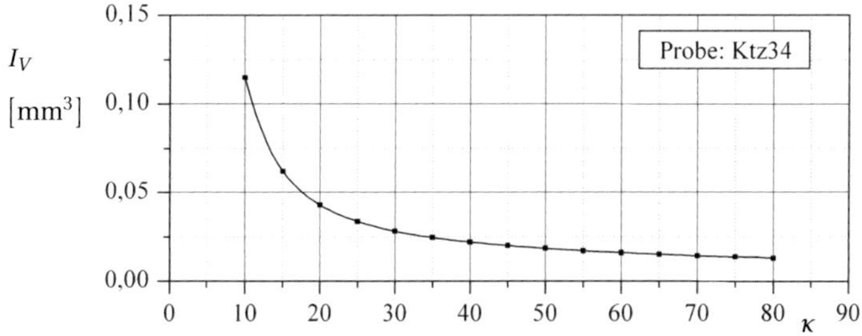

Abb. A.16: Abhängigkeit des Spannungsintegrals I_V vom Weibull-Exponenten κ (Ktz34)

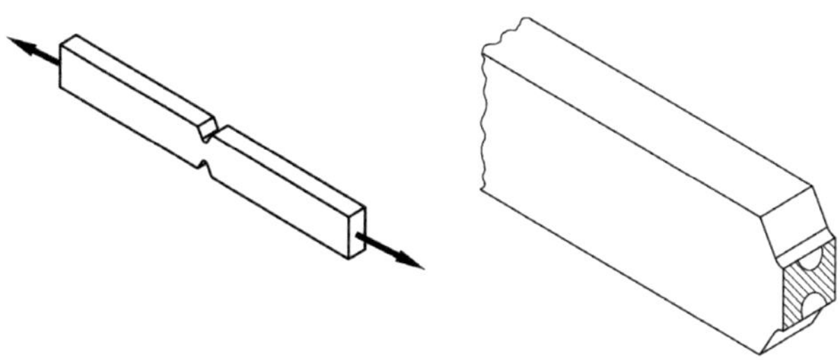

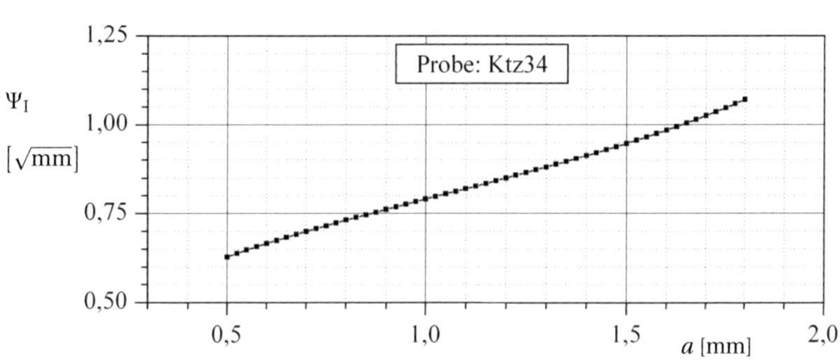

Abb. A.17: Bezogene Rissbeanspruchung (Ktz34)

Probe Ktb35

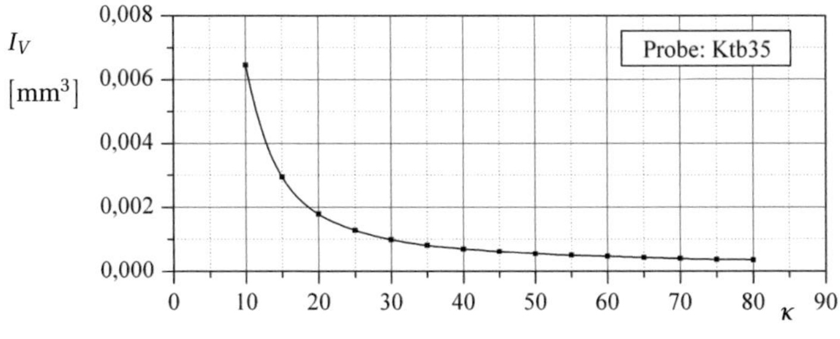

Abb. A.18: Abhängigkeit des Spannungsintegrals I_V vom Weibull-Exponenten κ (Ktb35)

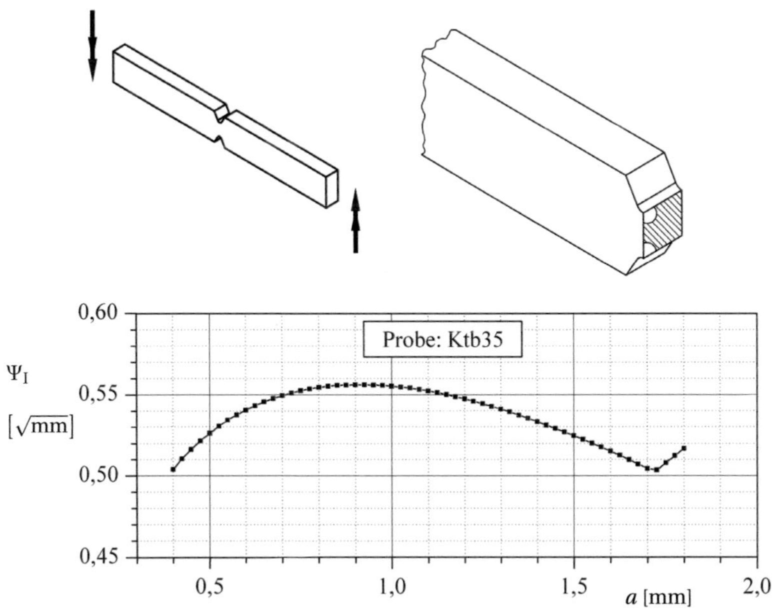

Abb. A.19: Bezogene Rissbeanspruchung (Ktb35)

A.5 Abgeschätzte Dauerfestigkeiten mit der FEMFAT-Methode

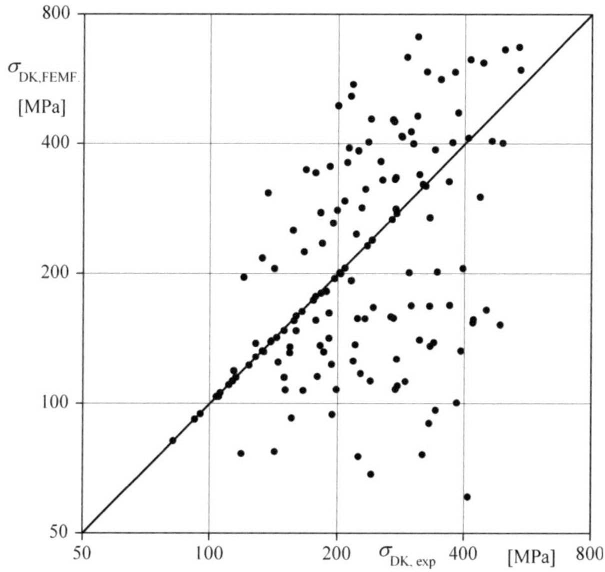

Abb. A.20: Treffsicherheit des Spannungsgradientenansatzes, FEMFAT-Methode

A.6 Referenzlösung: räumlicher Oberflächenriss

Halbellipsenförmiger Oberflächenriss in einer endlichen Platte unter Zug- und Biegebelastung aus [113]

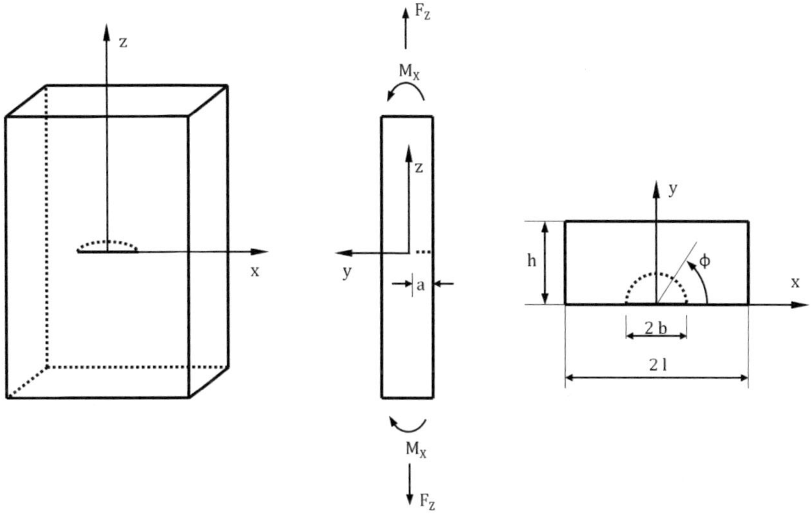

Abb. A.21: Riss- und Probengeometrie

Es liegt aufgrund der Symmetrie reine Modus I Beanspruchung vor ($K_{II} = K_{III} = 0$). Der Spannungsintensitätsfaktor an der Stelle ϕ der Rissfront berechnet sich zu

$$K_I = \left(\sigma_{Zug} + M \cdot \sigma_{Biegung}\right) \cdot \frac{1}{\Phi} \sqrt{\pi a} \cdot F\left(\frac{a}{b}, \frac{a}{h}, \frac{b}{l}, \phi\right)$$

Die geometrieabhängigen Faktoren berechnen sich zu

$$\begin{aligned} F\left(\frac{a}{b}, \frac{a}{h}, \frac{b}{l}, \phi\right) &= \left(M_1 + M_2\left(\frac{a}{h}\right)^2 + M_3\left(\frac{a}{h}\right)^4\right) M_4 M_5 M_6 \\ \Phi^2 &\approx 1 + 1{,}47\left(\frac{a}{b}\right)^{1{,}64} \end{aligned}$$

mit dem Koeffizienten

$$
\begin{aligned}
M_1 &= 1{,}13 - 0{,}09\left(\frac{a}{b}\right)\\
M_2 &= \frac{0{,}89}{0{,}2 + \left(\frac{a}{b}\right)} - 0{,}54\\
M_3 &= 0{,}5 - \frac{1}{0{,}65 + \left(\frac{a}{b}\right)} + 14\left(1 - \left(\frac{a}{b}\right)\right)^{24}\\
M_4 &= 1 + \left(0{,}1 + 0{,}35\left(\frac{a}{h}\right)^2\right)(1 - \sin\phi)^2\\
M_5 &= \left(\sin^2\phi + \left(\frac{a}{b}\right)^2 \cos^2\phi\right)^{0{,}25}\\
M_6 &= \left(\sec\left(\frac{\pi}{2}\frac{b}{l}\sqrt{\frac{a}{h}}\right)\right)^{0{,}5}.
\end{aligned}
$$

Der beanspruchungsartabhängige Faktor wird mit

$$M^* = M_1^* + \left(M_2^* - M_1^*\right)\sin^p\phi$$

berechnet. Die entsprechenden Koefizienten lauten

$$
\begin{aligned}
p &= 0{,}2 + \left(\frac{a}{b}\right) + 0{,}6\left(\frac{a}{h}\right)\\
M_1^* &= 1 - 0{,}34\left(\frac{a}{h}\right) - 0{,}11\left(\frac{a}{h}\right)\left(\frac{a}{b}\right)\\
M_2^* &= 1 - \left(1{,}22 + 0{,}12\left(\frac{a}{b}\right)\right)\left(\frac{a}{h}\right) + \left(0{,}55 - 1{,}05\left(\frac{a}{b}\right)^{0{,}75} + 0{,}47\left(\frac{a}{b}\right)^{1{,}5}\right)\left(\frac{a}{h}\right)^2.
\end{aligned}
$$

Der Gültigkeitsbereich dieser Näherungslösung ist auf $0 \le \frac{a}{b} \le 1$, $0 \le \frac{a}{h} \le 1$, $\frac{a}{l} < 0{,}5$ und $0 \le \phi \le \pi$ beschränkt.

Abbildungsverzeichnis

2.1 Prinzipieller Vergleich der Wöhlerlinien gekerbter und ungekerbter Proben . . 6
2.2 Definition des bezogenen Spannungsgradienten χ' 16
2.3 Stützziffer für unterschiedliche Werkstoffe als Funktion des Spannungsgradienten nach SIEBEL und STIELER [41], zitiert aus [17] 17
2.4 Abhängigkeit der Stützziffer vom bezogenen Spannungsgradienten nach der FKM Richtlinie und HÜCK, THRAINER, SCHÜTZ (HTS) 20
2.5 Rissöffnungsarten nach Modus I, II und III 26
2.6 Koordinatensysteme im Bereich der Rissspitze 27
2.7 Zur Berechnung des J-Integrals 28
2.8 Rissfortschrittsrate von Makrorissen als Funktion des zyklischen Spannungsintensitätsfaktors (schematische Darstellung) 31
2.9 Rissfortschrittsrate von Mikro- und Makrorissen bei zyklischer Beanspruchung, nach [81] zitiert in [17] 32
2.10 Kitagawa-Diagramm (schematische Darstellung) 34
2.11 Referenzgeometrie zur Ableitung der bruchmechanischen Stützziffer nach LUKÁŠ et al. [85] 36
2.12 Frost-Diagramm (schematisch, nach [94]), Abhängigkeit der Dauerfestigkeit von der Formzahl 40
2.13 Auf gekerbte Strukturen erweitertes Kitagawa-Diagramm, nach [92] 40
2.14 PM, LM und AM als Varianten der TCD 45
2.15 Zur Herleitung der VM 47
2.16 Parameter zur Charakterisierung der Kerbform der verschiedenen Stützzifferkonzepte 49

3.1 Zur Anwendung der Domain Integral Method 56
3.2 Drahtdarstellung der Kerbe mit modelliertem Riss im Kerbgrund 57
3.3 Vernetzung der Rissspitze 57
3.4 Schlauchförmige Vernetzung der Rissfront 58
3.5 Untersuchte Kerbform, Rissgeometrie 61
3.6 Verlauf des bezogenen Spannungsintensitätsfaktors entlang der halbelliptischen Rissfront für verschiedene Halbachsenverhältnisse (Symmetriehälfte dargestellt) 61

3.7 Verlauf des bezogenen Spannungsintensitätsfaktors entlang der halbelliptischen Rissfront für verschiedene Halbachsenverhältnisse (Symmetriehälfte dargestellt) 62
3.8 Vergleich der bruchmechanischen Stützziffer anhand halbelliptischer Oberflächenrisse für verschiedene Ellipsenhalbachsenverhältnisse 64
3.9 Vernetzung entlang der Rissfront 65
3.10 Einfluss der Netzgüte auf die berechnete Rissbeanspruchung 66
3.11 Prinzipieller Einfluss des Abstandes der Integrationskontur für die Bestimmung von J zur Rissfront auf berechnete Rissbeanspruchung 66
3.12 Ort und Richtung der maximalen ersten Hauptspannung als Halbkreismittelpunkt des zu modellierenden Risses 68
3.13 Einfluss der finiten Probengeometrie auf die Rissgröße a_0 69

4.1 Flachproben (a) ungekerbt und (b) gekerbt nach DIN EN ISO 3928 74
4.2 Probengeometrien aus LBF Berichten mit verwendeter Referenzbezeichnung . 75
4.3 Vergleich der experimentell ermittelten Stützziffern bei wechselnder und schwellender Beanspruchung 77
4.4 Abhängigkeit der Stützziffer vom bezogenen Spannungsgradienten 79
4.5 Treffsicherheit des Spannungsgradientenansatzes 80
4.6 Abhängigkeit von Faktor und Exponent des Spannungsgradientenansatzes Gl. (4.4) von der Dichte 81
4.7 Sensitivität eines Fehlers im Verhältnis aus Zug-Druck- und Biegedauerfestigkeit auf den Fehler der mit der FEMFAT-Methode berechneten Stützziffer 82
4.8 Zur Konvergenz des Spannungsintegrals I_V mit steigender Größe des Berechnungsgebiets für ungekerbte und stark gekerbte Proben 85
4.9 Treffsicherheit Fehlstellenmodells nach WEIBULL 86
4.10 Abhängigkeit von Streuspanne und Mittelwert der relativen Stützziffer mit dem Fehlstellenmodell vom Weibull-Exponenten κ 86
4.11 Abhängigkeit der statistischen Stützziffer vom Weibull-Exponenten κ 87
4.12 Abhängigkeit von Streuspanne und Mittelwert der relativen Stützziffer mit dem $V_{90\%}$-Konzept (nach Gl. (2.40)) vom Exponenten w, Variation in Gl. (4.8) (Variante 1) 88
4.13 Abhängigkeit der Stützziffer vom höchstbeanspruchten Volumen mit herkömmlicher und alternativer Formulierung 89
4.14 Abhängigkeit von Streuspanne und Mittelwert der relativen Stützziffer mit dem $V_{90\%}$-Konzept (nach Gl. (2.40)) vom Exponenten w, Variation in Gl. (4.9) (Variante 3) 90
4.15 Treffsicherheit des modifizierten $V_{90\%}$-Ansatzes (Variante 3) 91
4.16 Treffsicherheit der bruchmechanischen Stützzifferansatzes nach LUKÁŠ und KLESNIL 92

4.17 Treffsicherheit des Stützzifferkonzeptes mittels 3D-Rissmodellierung 94
4.18 Viertelkreisriss in Biegeprobe Ktb35 95
4.19 Beanspruchungsverlauf entlang der Rissfront bei verschiedenen Rissgrößen (Probenform Ktb35) 95
4.20 Einfluss des inhomogenen Spannungszustandes in Werkstoffprobe: (a) Spannungsverlauf ungekerbte Probe, (b) Stützziffern nach der LM 97
4.21 Treffsicherheit der TCD (Point Method) 98
4.22 Treffsicherheit der TCD (Line Method) 98
4.23 Treffsicherheit der TCD (Volume Method) 99
4.24 a_0 (3D-Rissmodellierung) als Maß für die individuelle Kerbempfindlichkeit von Sinterstählen am Beispiel der Probenform KTb35 101

A.1 Auswertung der verschiedenen Konzepte im Wahrscheinlichkeitsnetz 116
A.2 Auswertung der TCD im Wahrscheinlichkeitsnetz 117
A.3 Abhängigkeit Stützziffer der TCD (PM) für die untersuchten Probengeometrien vom Materialparameter L 117
A.4 Abhängigkeit Stützziffer der TCD (LM) für die untersuchten Probengeometrien vom Materialparameter L 118
A.5 Abhängigkeit Stützziffer der TCD (VM) für die untersuchten Probengeometrien vom Materialparameter L 118
A.6 Abhängigkeit des Spannungsintegrals I_V vom Weibull-Exponenten κ (Ktz10) . 119
A.7 Bezogene Rissbeanspruchung (Ktz10) 119
A.8 Abhängigkeit des Spannungsintegrals I_V vom Weibull-Exponenten κ (Ktb10) . 120
A.9 Bezogene Rissbeanspruchung (Ktb10) 120
A.10 Abhängigkeit des Spannungsintegrals I_V vom Weibull-Exponenten κ (Ktz25) . 121
A.11 Bezogene Rissbeanspruchung (Ktz25) 121
A.12 Abhängigkeit des Spannungsintegrals I_V vom Weibull-Exponenten κ (Ktz28) . 122
A.13 Bezogene Rissbeanspruchung (Ktz28) 122
A.14 Abhängigkeit des Spannungsintegrals I_V vom Weibull-Exponenten κ (Ktb20) . 123
A.15 Bezogene Rissbeanspruchung (Ktb20) 123
A.16 Abhängigkeit des Spannungsintegrals I_V vom Weibull-Exponenten κ (Ktz34) . 124
A.17 Bezogene Rissbeanspruchung (Ktz34) 124
A.18 Abhängigkeit des Spannungsintegrals I_V vom Weibull-Exponenten κ (Ktb35) . 125
A.19 Bezogene Rissbeanspruchung (Ktb35) 125
A.20 Treffsicherheit des Spannungsgradientenansatzes, FEMFAT-Methode 126
A.21 Riss- und Probengeometrie 127

Tabellenverzeichnis

2.1 Konstanten a_G und b_G 20
2.2 Dauerfestigkeitsexponent K_D der FEMFAT-Methode aus [51] 21
2.3 Exponenten w für den Zusammenhang zwischen höchstbeanspruchten Werkstoffvolumen und Festigkeitswerten 23

3.1 Verwendete Kerbformen für Voruntersuchungen zur Rissgeometrie 60

4.1 Ergebnisse der Beanspruchungsanalyse der verwendeten Proben aus [123, 124, 30] 74
4.2 Quantilwerte der standardisierten Gaußschen Normalverteilung 78
4.3 Vergleich der Parameter des Spannungsgradientenansatzes nach HTS für die Ableitung anhand verschiedener Datensätze 79
4.4 Weibull-Exponent für Sinterstahl im Vergleich mit anderen Werkstoffgruppen aus [90] 83
4.5 Vergleich der verschiedenen Varianten des $V_{90\%}$-Konzepts 90
4.6 Treffsicherheit der TCD 97
4.7 Zusammenfassung der Konzeptvalidierung 102

A.1 Charakterisierung der untersuchten Werkstoffe (Thale PM [30]) 108
A.2 Elastische Materialkonstanten (Thale PM) [30] 108
A.3 Werkstoffkennwerte für bruchmechanische Stützziffern (2D) und TCD, Spannungsverhältnis $R = 0$, aus [30, 123, 124] 108
A.4 Werkstoffkennwert a_0 für die bruchmechanische Stützziffer mittels 3D-Rissmodellierung, $R = 0$ 109
A.5 Datenbasis: Werkstoffdauerfestigkeiten, aus [30, 123, 124] 110
A.6 Datenbasis: experimentell ermittelte Dauerfestigkeiten, aus [30, 123, 124] . . . 111

Literaturverzeichnis

[1] EULITZ, K.-G.: *Beurteilung der Zuverlässigkeit von Lebensdauervorhersagen nach dem Nennspannungskonzept und dem Örtlichen Konzept anhand einer Sammlung von Betriebsfestigkeitsversuchen,* Habilitation, TU Dresden, 1999

[2] HÄNEL, B., HAIBACH, E., SEEGER, T., WIRTHGEN, G., ZENNER, H.: *FKM-Richtlinie: Rechnerischer Festigkeitsnachweis für Maschinenbauteile aus Stahl, Eisenguß- und Aluminiumwerkstoffen,* 5. Ausgabe, VDMA-Verlag, Frankfurt/M., 2003

[3] N. N.: *ASME Boiler and Pressure Vessel Code,* ASME, New York, 2001

[4] DIN 743-2: *Tragfähigkeitsberechnung von Wellen und Achsen - Teil 2: Formzahlen und Kerbwirkungszahlen,* Deutsches Institut für Normung e.V., Berlin, 2000

[5] *TGL 19340 / 03 - Maschinenbauteile; Dauerschwingfestigkeit; Berechnung und Einflüsse,* Institut für Leichtbau, Dresden, 1981

[6] BERGMANN, J., THUMSER, R.: *Synthetische Wöhlerlinien für Eisenwerkstoffe,* Forschungsbericht P 249, (AiF-Nr. 10733 N), Studiengesellschaft Stahlanwendung e. V., Düsseldorf, 1999

[7] HAIBACH, E.: *Betriebsfestigkeit - Verfahren und Daten zur Bauteilberechnung.* Springer-Verlag Berlin, 2006.

[8] SCHATT, W., WIETERS, K.-P., KIEBACK, B.: *Pulvermetallurgie - Technologien und Werkstoffe,* Springer-Verlag Berlin, 2007

[9] ERNST, E., EILRICH, U., KUKULIES, U.: *Auslegung von pulvermetallurgisch hergestellten Pleuelstangen,* In: VDI-Bericht 1151, VDI-Verlag, Düsseldorf, 1995

[10] SONSINO, C. M.: *Zukunftsperspektiven für die Pulvermetallurgie durch die Betriebsfestigkeit,* Mat.-wiss. u. Werkstofftech., 37, No. 3, S. 240-248, 2006

[11] SONSINO, C. M.: *Fatigue design for powder metallurgy,* Powder Metallurgy, Vol. 33, No. 3, S. 754-764, 1990

[12] DIN 30912 Teil 6: *Sint-Richtlinien (SR), Schwingfestigkeit von Sinterstählen,* Deutsches Institut für Normung e.V., Berlin, 1990

[13] SONSINO, C. M.: *Dauerfestigkeit - eine Fiktion*, Konstruktion 4, S. 87-92, 2005

[14] BERGER, C., PYTTEL, B., SCHWERDT, D.: *Beyond HCF - Is there a fatigue limit?*, Materialwissenschaft und Werkstofftechnik, Vol. 39, No. 10, S. 769-776, 2008

[15] PYTTEL, B., BERGER, C., BRUDER, T., EUFINGER, J.: *Approaches to fatigue life assessment applied in the very high cycle regime*, Mat.-wiss. u. Werkstofftech. 42, No. 10, S. 934-941, 2011

[16] KLUMPP, S.: *Quasistatisches und zyklisches Verformungsverhalten reiner und legierter Sintereisenwerkstoffe*, Dissertation, Universität Karlsruhe, 1992

[17] RADAJ, D., VORMWALD, M.: *Ermüdungsfestigkeit: Grundlagen für Ingenieure*, Springer-Verlag, Berlin, 2007

[18] SONSINO, C. M.: *Schwingfestigkeitsverhalten von Sinterstahl unter kombinierten mehrachsigen phasengleichen und phasenverschobenen Beanspruchungszuständen*, Fraunhofer-Institut für Betriebsfestigkeit (LBF), Darmstadt, Bericht Nr. FB-168, 1983

[19] SONSINO, C. M.: *Multiaxial Fatigue Behaviour of Sintered Steels under Combined in and out of Phase Bending and Torsion*, Z. Werkstofftech. 18, S. 148-157, 1987

[20] NEUBER, H.: *Kerbspannungslehre*, Springer-Verlag Berlin, 1937

[21] VORMWALD, M.: *Anrißlebensdauervorhersage auf der Basis der Schwingbruchmechanik für kurze Risse*, Dissertation, TH Darmstadt, 1989

[22] KLOOS, K.-H.: *Einfluß des Oberflächenzustandes und der Probengröße auf die Schwingfestigkeitseigenschaften*, VDI-Berichte Nr. 268, Düsseldorf, 1976

[23] THUM, A., BUCHMANN, W.: *Dauerfestigkeit und Konstruktion*, VDI-Verlag, 1932

[24] THUM, A., BAUTZ, W.: *Die Gestaltfestigkeit*, Stahl und Eisen 55, S. 1025-1029, 1935

[25] WELLINGER, K., DIETMANN, H.: *Festigkeitsberechnung*, Alfred Kröner Verlag, Stuttgart, 1968

[26] TAUSCHER, H.: *Berechnung der Dauerfestigkeit; Einfluß von Werkstoff und Gestalt*, Fachbuchverlag Leipzig, 1960

[27] NEUBER, H.: *Über die Berücksichtigung der Spannungskonzentration bei Festigkeitsberechnungen*, Konstruktion 20, Nr. 7, S. 245-251, 1968

[28] NEUBER, H., *Theory of Stress Concentration for Shear-Strained Prismatical Bodies with Arbitrary Nonlinear Stress-Strain Law*, Journal of Applied Mechanics, 12, S. 544-552, 1961

[29] LIU, J., ZENNER, H.: *Berechnung von Bauteilwöhlerlinien unter Berücksichtigung der statistischen und spannungsmechanischen Stützziffer,* Mat.-wiss. u. Werkstofftech. 26, S. 14-21, 1995

[30] GÖTZ, S., EULITZ, K.-G.: *Ermüdungsverhalten von Bauteilen aus Stahl- und Aluminium-Sintermetallen,* Abschlussbericht, BMBF Förderkennweichen 03WKBO07D, online bei TIB Hannover, 2011

[31] PETERSON, R. E.: *Notch-sensitivity,* Metal Fatigue, (Edited by G. Sines and J.L. Waisman), McGraw Hill, New York, 1959

[32] HEYWOOD, R. B.: *Designing Against Fatigue,* Chapman & Hall, London, 1962

[33] LEE, Y.-L., PAN, J., HATHAWAY, R. B., BARKEY, M. E.: *Fatigue testing and Analysis, Theory and Practice,* Elsevier Butterworth-Heinemann, Burlington, MA, 2005

[34] WEIBULL, W.: *A Statistical Theory of Strength of Materials,* Dissertation, Ingeniörs Vetenskaps Akademiens Handlingar Nr. 151, Generalstabens Litografiska Anstalts Förlag, Stockholm, 1939

[35] HECKEL, K., KÖHLER, J.: *Experimentelle Untersuchung des statistischen Größeneinflusses im Dauerschwingversuch an ungekerbten Stahlproben,* Z. f. Werkstofftechnik 2, S. 52-54, 1975

[36] KRÄ, C.: *Beschreibung des Lebensdauerverhaltens gekerbter Proben unter Betriebsbelastung auf der Basis des statistischen Größeneinflusses,* Dissertation, Universität der Bundeswehr München, 1988

[37] JUNG, T.: *Schwingfestigkeit unter Berücksichtigung des Spannungsbedingten und des Technologischen Größeneinflusses,* Dissertation, TU Clausthal, 1997

[38] BOMAS, H., LINKEWITZ, T., MAYR, P.: *Anwendung des Fehlstellenmodells auf die Dauerfestigkeit des Stahls 100Cr6 im bainitischen Zustand,* Materialwissenschaft und Werkstofftechnik, Vol. 29, Nr. 4, S. 185-192, 1998

[39] SIEBEL, E.: *Neue Wege in der Festigkeitsrechnung,* VDI-Z 90, Nr. 5, S. 135-139, 1948

[40] FILIPPINI, M.: *Stress gradient calculations at notches,* International Journal of Fatigue, No. 22, S. 397-409, 2000

[41] STIELER, M.: *Untersuchung über die Dauerschwingfestigkeit metallischer Bauteile bei Raumtemperatur,* Dissertation, TH Stuttgart, 1954

[42] SIEBEL, E., STIELER, M.: *Ungleichförmige Spannungsverteilung bei schwingender Beanspruchung,* VDI-Z. 97, Nr. 5, S. 121-126, 1955

[43] SERENSEN, S. V., KOGAEV, V. P.: ŠNEJDEROVIČ, R. M.: *Nesuščaja sposobnost' i rasčety detalej mašin na pročnost'*, Moskva: „Mašinostroenie", 1975

[44] KOGAEV, V. P., SERENSEN, S. V.: *Statističeskaja metodika ocenki vlijanija koncentracii naprjaženij absoljutnych razmerov na soprotivlenie ustalotsi* Zavodskaja Laboratorija 28, 1, S. 79-87, 1962

[45] HÄNEL, B., WIRTHGEN, G.: *Die Berechnung der Dauerfestigkeit nach dem Verfahren von Kogaev und Serensen*, IfL-Mitt., Dresden 20, S. 65-74, 1981

[46] JAENICKE, B.: *Stützwirkungskonzepte*, VDI Berichte 661: Dauerfestigkeit und Zeitfestigkeit, VDI Verlag, Düsseldorf, 1988

[47] HÜCK, M., THRAINER, L., SCHÜTZ, W.: *Berechnung von Wöhler-Linien für Bauteile aus Stahl, Stahlguß und Grauguß, synthetische Wöhler-Linien*, VDEh-Bericht ABF 11, 1981

[48] HÄNEL, B., WIRTHGEN, G.: *Festigkeitsnachweis, Rechnerischer Festigkeitsnachweis für Maschinenbauteile, Abschlußbericht*, Vorhaben Nr. 154, Heft 183 Forschungskuratorium Maschinenbau e. V., Frankfurt, 1994

[49] HÄNEL, B.: *Zur Neuausgabe des DDR Standards TGL 19341 „Festigkeitsnachweis für Bauteile aus Eisengusswerkstoffen"*, IfL-Mitt., Dresden 27, Nr. 6, S. 167-197, 1988

[50] N. N.: *FEMFAT User's Manual*, Ver. 4.6 (2007), MAGNA Prowetrain Inc..

[51] WANG, Q., EULITZ, K.-G., KOTTE, K. L.: *Rechnerische Lebensdauerabschätzung mit FEMFAT*, Teilbericht, IFKM, TU Dresden, 1996

[52] EICHLSEDER, W.: *Rechnerische Lebensdaueranalyse von Nutzfahrzeugkomponenten mit der FE-Methode*, Dissertation, TU Graz, 1989

[53] EICHLSEDER, W.: *Fatigue analysis by local stress concept based on finite element results*, Computers & Structures, Vol. 80, Iss. 27-30, S. 2109-2113, 2002

[54] KUGUEL, R.: *A Relation between Theoretical Stress Concentration Factor and Fatigue Notch Factor Deduced from the Concept of Highly Stressed Volume*, ASTM Proceedings 61, 1961

[55] SONSINO, C. M.: *Zur Bewertung des Schwingfestigkeitsverhaltens von Bauteilen mit Hilfe örtlicher Beanspruchungen*, Konstruktion 45, Nr. 1, S. 25-33, 1993

[56] KAUFMANN, H., SONSINO, C. M.: *Übertragbarkeit von an ungekerbten und gekerbten Bauteilähnlichen Proben ermittelten Schwingfestigkeitskennwerten am Beispiel von geschmiedeten LKW-Pleulen und LKW-Achsschenkeln*, Bericht TB-200, Fraunhofer-Institut für Betriebsfestigkeit (LBF), Darmstadt, 1994

[57] SONSINO, C. M., FISCHER, G.: *Local Assessment Concepts for the Structural Durability of Complex Loaded Components*, Mat.-wiss. u. Werkstofftech. 36, No. 11, S. 632-641, 2005

[58] LIN, C.-K., LEE, W.-J.: *Effects of highly stressed volume on fatigue strength of austempered ductile irons*, Int. J. Fatigue Vol 20, No. 4, S. 301-307, 1998

[59] SONSINO, C. M.: *Fatigue design principles for sintered steel components*, J. Strain Analysis, Vol. 41, No. 7, S. 497-515, 2006

[60] WERNER, S.: *Zur betriebsfesten Auslegung von Bauteilen aus AlMgSil unter Berücksichtigung von hohen Mitteldehnungen und Spannungskonzentrationen*, Dissertation, Fraunhofer-Institut für Betriebsfestigkeit (LBF), Darmstadt, 1999

[61] WERNER, S., SONSINO, C. M.: *Größeneinfluss bei hochfesten durchhärtenden Stahl 100Cr6*, LBF-Bericht Nr. 8269, Fraunhofer-Institut für Betriebsfestigkeit (LBF), Darmstadt, 1996

[62] WERNER, S., SONSINO, C. M.: *Die Ersatzstrukturlänge nach Peterson und Neuber-Radaj, Spannungsgradientenansatz nach Siebel/Stieler und Hück/Thrainer/Schütz sowie das Konzept des höchstbeanspruchten Werkstoffvolumens am Beispiel des Baustahls St52-3*, LBF-Bericht Nr. 8137, Fraunhofer-Institut für Betriebsfestigkeit (LBF), Darmstadt, 1996

[63] NIESSNER, M., SEEGER, T., HOHE, J., SIEGELE, D.: *Scharfe Kerben, Bewertung von Maschinenteilen mit scharfen Kerben*, Abschlussbericht Vorhaben Nr. 243, FKM Heft 275, Frankfurt a. M., 2003

[64] FRÖSCHL, J., DECKER, M., EICHLSEDER, W.: *Neuer Ansatz zur Bewertung von Stützwirkung und statistischem Größeneinfluss im Auslegungsprozess*, MP Materials Testing, Vol. 53, Nr. 7-8, S. 481-486, 2011

[65] FRÖSCHL, J., DECKER, M., EICHLSEDER, W.: *Neuer Ansatz zur Bewertung von Stützwirkung und statistischem Größeneinfluss im Auslegungsprozess*, 37. Tagungs des DVM-Arbeitskreises Betriebsfestigkeit: Auslegungs- und Absicherungskonzepte der Betriebsfestigkeit, Potenziale und Risiken, Tagungsband, München, 2010

[66] MILLER, K. J.: *Materials science perspective of metal fatigue resistance*, Materials Science and Technology, Vol. 9, S. 453-462, 1993

[67] MILLER, K. J.: *The two thresholds of fatigue behaviour*, Fatigue & Fracture of Engineering Materials & Structures, Vol. 16, No. 9, S. 931-939, 1993

[68] GROSS, D., SEELIG, T.: *Bruchmechanik*, Springer-Verlag, 2007

[69] ANDERSON, T. L.: *Fracture Mechanics: Fundamentals and Applications*, 3rd Edition, CRC Press, 2004

[70] SCHWALBE, K.-H.: *Bruchmechanik metallischer Werkstoffe,* Carl Hanser Verlag München, Wien, 1980

[71] RICE, J. R.: *A path independent integral and the approximate analysis of strain concentration by notches and cracks,* Journal od Applied Mechanics, No. 35, S. 379-386, 1968

[72] THEILIG, H., NICKEL, J.: *Spannungsintensitätsfaktoren,* VEB Fachbuchverlag Leipzig, 1987

[73] MURAKAMI, Y.: *Stress intensity factors,* Pergamon Books Inc.,Elmsford, NY, 1987

[74] PARIS, P. C., GOMEZ, M. P., ANDERSON, W. E.: *A rational analytical theory of fatigue,* Trend in Engineering, Vol. 13, S. 9-14, 1961

[75] MCEVILY, A. J., RITCHIE, R. O.: *Crack closure and the fatigue-crack propagation threshold as a function of load ratio,* Fatigue & Fracture of Engineering Materials & Structures, 21, S. 847-855, 1998

[76] SURESH, S.: *Fatigue of Materials,* 2nd Edition, Cambridge University Press, 1998

[77] RITCHIE, R. O., LANKFORD, J.: *Small fatigue cracks: A statement of the problem and potential solutions,* Materials Science and Engineering, Vol. 84, S. 11-16, 1986

[78] MILLER, K. J.: *The behaviour of short fatigue cracks and their initiation - Part II: A general summary,* Fatigue & Fracture of Engineering Materials & Structures, Vol. 10, No. 2, S. 93-113, 1987

[79] CARLSON, R. L., SAXENA, A.: *On the analysis of short fatigue cracks,* International Journal of Fracture, No. 33, S. R37-R39, 1987

[80] DENG, X., PIOTROWSKI, G., CHAWLA, N., NARASIMHAN, K. S.: *Fatigue crack growth behavior of hybrid and prealloyed sintered steels, Part II. Fatigue behavior,* Materials Science and Engineering A 491, S. 28-38, 2008

[81] KUJAWSKI, D., ELLYIN, F.: *A microstructurally motivated model for short crack growth rate,* In: *Short Fatigue Cracks,* Ed.: MILLER, K. J., DE LOS RIOS, E. R., S. 391-405, Mech. Engng. Publ., London, 1992

[82] EL HADDAD, M. H., SMITH, K. H., TOPPER, T. H.: *Fatigue crack propagation of short cracks,* Journal of Engineering Materials and Technology (ASME), Vol. 101, No. 1, S. 42-46, 1979

[83] KITAGAWA, H., TAKAHASHI, S.: *Applicability of fracture mechanics to very small cracks,* Proc. 2nd. Int. Conf. Mech. Behaviour of Mat., Boston, Mass, S. 627-631, 1976

[84] TANAKA, K., NAKAI, Y., YAMASHITA, M.: *Fatigue growth threshold of small cracks*, International Journal of Fracture, Vol. 17, No. 5, S. 519-533, 1981

[85] LUKÁŠ, W., et al.: *Non-damaging notches in fatigue*, Fatigue & Fracture of Engineering Materials & Structures, Vol. 9, Nr. 3, S. 195-204, 1986

[86] LUKÁŠ, P., KLESNIL, M.: *Fatigue limit of notched bodies*, Mater. Sci. Engng, 34, 61, S. 61-66, 1978

[87] LIU, Y., MAHADEVAN, S.: *Fatigue limit prediction of notched components using short crack growth theory and an asymptotic interpolation method*, Engineering Fracture Mechanics 76, S. 2317-2331, 2009

[88] WORMSEN, A., FJELDSTAD, A., HARKEGARD, G.: *The application of asymptotic solutions to a semi-elliptical crack at the root of a notch*, Engineering Fracture Mechanics, No. 73, S. 1899-1912, 2006

[89] LIU, J.: *Dauerfestigkeitsberechnung metallischer Werkstoffe*, Habilitation, TU Clausthal, 2001

[90] HANEL, W., VORMWALD, M., ESDERTS, A., GUMBSCH, P.: *Ein verbessertes Berechnungskonzept des statischen Festigkeitsnachweises und des Ermüdungsfestigkeitsnachweises für nichtgeschweißte und geschweißte Maschinenbauteile nach der FKM-Richtlinie „Festigkeitsnachweis"*, Abschlussbericht, AiF 15361 BG/1-4, 2009

[91] HERTEL, O., VORMWALD, M.: *Size effect in Fatigue described by support factors derived from short crack growth consideration*, Proceedings (CD) 18th European Conference on Fracture, Dresden 2010

[92] ATZORI, B., LAZZARIN, P., MENEGHETTI, G.: *Fracture mechanics and notch sensitivity*, Fatigue & Fracture of Engineering Materials & Structures, No. 26, S. 257-267, 2003

[93] FROST, N. E.: *Non-propagating cracks in Vee-notched specimens subject to fatigue loading*, Aeron. Quart. 8, S. 1-20, 1957

[94] SMITH, R. A., MILLER, K. J.: *Prediction of fatigue regimes in notched components*, Int. J. Mech. Sci. 20, S. 201-206, 1978

[95] ATZORI, B., MENEGHETTI, G., SUSMEL, L.: *Material fatigue properties for assessing mechanical components weakened by notches and defects*, Fatigue & Fracture of Engineering Materials & Structures, 28, S. 83-97, 2005

[96] LAZZARIN, P. et al.: *Fatigue crack initiation and propagation phases near notches in metals with low notch sensitivity*, International Journal of Fatigue, Vol. 19, Nos. 8-9, S. 647-657, 1997

[97] TAYLOR, D.: *Geometrical effects in fatigue: a unifying theoretical model*, International Journal of Fatigue, 21, S. 413-420, 1999

[98] TAYLOR, D.: *A mechanistic approach to critical-distance methods in notch fatigue*, Fatigue & Fracture of Engineering Materials & Structures, 24, S. 215-224, 2001

[99] TAYLOR, D., WANG, G.: *The validation of some methods of notch fatigue analysis*, Fatigue & Fracture of Engineering Materials & Structures, 23, S. 387-394, 2000

[100] SUSMEL, L.: *A unifying approach to estimate the high-cycle fatigue strength of notched components subjected to both uniaxial and multiaxial cyclic loadings*, Fatigue & Fracture of Engineering Materials & Structures, 27, S. 391-411, 2004

[101] BELLETT, D., et al.: *The fatigue behaviour of three-dimensional stress concentrations*, International Journal of Fatigue, 27, S. 207-221, 2005

[102] TAYLOR, D.: *The theory of critical distances*, Engineering Fracture Mechanics, 75, S. 1696-1705, 2008

[103] SUSMEL, L.: *The theory of critical distances: a review of its applications in fatigue*, Engineering Fracture Mechanics, 75, S. 1706-1724, 2008

[104] TANAKA, K.: *Engineering formulae for fatigue strength reduction due to crack-like notches*, International Journal of Fracture, 22, 2, S. R39-R46, 1983

[105] TAYLOR, D.: *Analysis of fatigue failures in components using the theory of critical distances*, Engineering Failure Analysis, 12, S. 906-914, 2005

[106] TAYLOR, D.: *Applications of the theory of critical distances in failure analysis*, Keynote paper at: The Fourth International Conference on Engineering Failure Analysis, Cambridge, S. 543-549, 2010

[107] LANNING, D. B., NICHOLAS, T., HARITOS, G. K.: *On the use of critical distance theories for the prediction of the high cycle fatigue limit stress in notched Ti-6Al-4V*, International Journal of Fatigue, 27, S. 45-57, 2005

[108] BENEDETTI, M., FONTANARI, V., SANTUS, C., BANDINI, M.: *Notch fatigue behaviour of shot peened high-strength aluminium alloys: Experiments and predictions using a critical distance method*, International Journal of Fatigue, 32, S. 1600-1611, 2010

[109] YAMASHITA, Y., UEDA, Y., KUROKI, H., SHINOZAKI, M.: *Fatigue life prediction of small notched Ti-6Al-4V specimens using critical distance*, Engineering Fracture Mechanics, 77, S. 1439-1453, 2010

[110] GLINKA, G., NEWPORT, A.: *Universal features of elastic notch-tip stress fields*, International Journal of Fatigue 9, No. 3, S. 143-150, 1987

[111] SONSINO, C. M.: *Fatigue Design Concepts for P/M Parts and Required Material Data*, Metal Powder Industries Federation, Princeton (USA), 2003

[112] TADA, H., PARIS, P., IRWIN, G.: *The Stress Analysis of Crakcs Handbook*, Del Research Corporation edition, Hellertown, PA, USA, 1993

[113] NEWMAN, J. C., RAJU, I. S.: *An empirical stress-intensity factor equation for the surface crack*, Engineering Fracture Mechanics, Vol 15, No. 1-2, S. 185-192, 1981

[114] BIALLAS, G.: *Zyklisches Verformungsverhalten und Mikrostruktur von Sintereisen und ausgewählten Sinterstählen*, VDI Fortschritt-Berichte, Nr. 495, VDI-Verlag, Düsseldorf, 1997

[115] ULBRICHT, V.: *Numerische Methoden (FEM, BEM)*, Skript zur Vorlesung, TU Dresden, 2005

[116] HENSHELL, R. D., SHAW, K. G.: *Crack tip finite elements are unnecessary*, International Journal for Numerical Methods in Engineering, 9, S. 495-507, 1975

[117] BARSOUM, R. S.: *On the use of isoparametric finite elements in linear fracture mechanics*, International Journal of Numerical Methods in Engineering, 10, S. 25-37, 1976

[118] KUNA, M.: *Numerische Beanspruchungsanalyse von Rissen - Finite Elemente in der Bruchmechanik*, Vieweg+Teubner / GWV Fachverlage GmbH, Wiesbaden 2008

[119] SHIH, C. F., MORAN, B., NAKAMURA, T.: *Energy Release Rate Along a Three-Dimensional Crack Front in a Thermally Stressed Body*, International Journal of Fracture, No. 30, S. 79-102, 1986

[120] N. N.: *ANSYS Structural Analysis Guide*. Release 12.0. Ansys, Inc., Canonsburg, PA, USA, 2008

[121] BUI, H. D.: *Associated path independent J-integrals for separating mixed modes*, Journal of the Mechanics and Physics of Solids, Vol. 31, S. 439-448, 1983

[122] RIGBY, R. H., ALIABADI, M. H.: *Decomposition of the mixed-mode J-integral - revisited*, International Journal of Solids and Structures, Vol. 35, No. 17, S. 2073-2099, 1998

[123] SONSINO, C. M.: *Ermittlung anwendungsrelevanter Kenngrößen für Sintermetalle*, Fraunhofer-Institut für Betriebsfestigkeit (LBF), Darmstadt, Bericht Nr. FB-158, 1981

[124] SONSINO, C. M.: *Schwingfestigkeit von verschiedenen Sinterstählen und Bemessungskriterien für gesinterte Bauteile,* Fraunhofer-Institut für Betriebsfestigkeit (LBF), Darmstadt, Bericht Nr. FB-170, 1984

[125] DIN EN ISO 3928, *Sintermetallwerkstoffe, ausgenommen Hartmetalle - Probekörper für die Ermüdungsprüfung,* Deutsches Institut für Normung e.V., Berlin, 2006

[126] HÜCK, M.: *Ein verbessertes Verfahren für die Auswertung von Treppenstufenversuchen,* Materialwissenschaft und Werkstofftechnik, Volume 14, Nr. 12, S. 406-417, 1983

[127] SCHÜTZ, W.: *Über eine Beziehung zwischen der Lebensdauer bei konstanter und veränderlicher Beanspruchungsamplitude und ihre Anwendbarkeit auf die Bemessung von Flugzeugbauteilen,* Dissertation, TH München, 1965

[128] ROSSOW, E.: *Eine einfache Rechenschiebernäherung an die den „normal scores" entsprechenden Prozentpunkte,* Z. f. wirtsch. Fertig. 59, Nr. 12, S. 596-597, 1964

[129] SCHWEIGER, G., HECKEL, K.: *Statistischer Größeneinfluß bei zufallsartiger Schwingbeanspruchung,* Z. Werkstofftech., 15, S. 257-264, 1984

[130] BERGER, W.: *Lebensdauervorhersage für partikelverstärkte Aluminiumlegierungen unter Berücksichtigung der mikrostrukturellen Aspekte der Schädigung,* Dissertation, Univ. der Bundeswehr, München

[131] DIEMAR, A., THUMSER, R., BERGMANN, J. W.: *Determination of local characteristics for the application of the Weakest-Link Model,* Mat.-wiss. u. Werkstofftech., 36, No. 5, S. 204-210, 2005

[132] GÖTZ, S., EULITZ, K.-G.: *Evaluation of concepts to predict the endurance limit of P/M parts considering individual notch sensitivities,* In: Proceedings of PowderMet2012 International conference on powder metallurgy & particulate materials, MPIF/APMI, Nashville, TN, USA, 2012

[133] BAUMGARTNER, J., LIPP, K., BRUDER, T., KAUFMANN, H.: *Design methods for reliable fatigue assessment of PM components,* Mat.-wiss. u.Werkstofftech. 42, No. 10, S. 894-903, 2011

[134] HAIBACH, E., MATSCHKE, C.: *Normierte Wöhlerlinien für ungekerbte und gekerbte Formelemente aus Baustahl.* Stahl und Eisen 101, Nr. 3, S. 21-27, 1981

[135] TAYLOR, D.: *A compendium of fatigue thresholds and groth rates,* Engineering Materials Advisory Services LTD., 1985

[136] TAYLOR, D., Jianchun, L.: *Sourcebook on fatigue crack propagation: Thresholds and Crack Closure,* Engineering Materials Advisory Services LTD., 1993